자금 지구에 소행성이
돌진해 온다면

우주, 그 공간이 지닌 생명력과 파괴력에 대한 이야기

지금 지구에 소행성이 돌진해 온다면

플로리안 프라이슈테터Florian Freistetter 지음 | 유영미 옮김

갈매나무

Contents

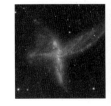

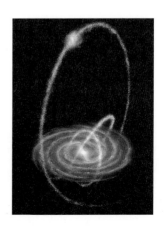

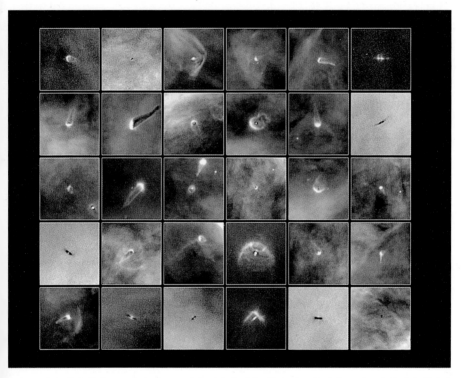

사진 1 원시 행성 원반으로 둘러 있는 오리온 성운의 젊은 별들. 가스와 먼지로 이루어진 이런 원반에서 끊임없이 충돌이 일어나고, 충돌하는 입자들은 점점 더 커다란 천체를 이룬다. 그리하여 차츰 우리의 태양을 도는 것과 같은 진짜 행성들이 탄생한다. 이 사진은 1993년 허블 우주망원경으로 촬영한 것이다.

사진 2 1883년 11월 12일에서 13일로 넘어가는 밤에 있었던 대규모 유성우. 북아메리카 하늘에서 볼 수 있었던 유성우에서 영감을 얻어 그린 것이다. 매년 11월이면 지구는 템플 터틀 혜성이 지나간 자리를 통과하게 되고, 이때 이 혜성이 남긴 부스러기들과 충돌한다. 이런 우주 먼지 부스러기들과의 충돌은 위험하지 않으며 아름다운 광경을 선사한다. 그러나 1883년처럼 인상적인 유성우는 극히 드물다.

사진 3 미국 와이오밍에 있는, 언뜻 보기에 별로 특별할 것이 없는 이 바위가 지구의 생물들이 직면했던 가장 커다란 비극 중 하나의 흔적을 담고 있다. 6500만 년 전 거대한 소행성이 지구와 충돌하여 대량 멸종 사태가 빚어졌다. 이 사건의 대표적인 희생자는 바로 공룡이었다. 지질학자들은 소위 'K/T 경계층'에서 이런 충돌의 증거를 발견했다. 사진의 가운데 부분에 하얗게 나타나는 K/T 경계층은 많은 양의 이리듐을 함유하고 있다. 이러한 이리듐 함유량은 소행성 충돌에 의한 것으로밖에 설명할 수 없다.

사진 4 미국 애리조나사막에 있는 직경 1.2킬로미터 크기의 배린저 크레이터Barringer
Crater. 배린저 크레이터는 운석 충돌로 인해 생긴 것으로 확인된 최초의 운석공이다.
약 5만 년 전 커다란 철운석이 지구와 충돌하면서 생겨났다. 큰 충돌이었지만 전 지구
적 영향은 없었다. 충돌 장소 주변의 반경 30킬로미터 정도만이 황폐화되었다.

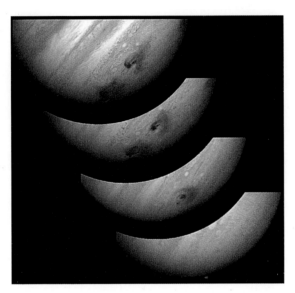

사진 5 1994년 7월 슈메이커-레비Shoemaker-Levy 9 혜성이 목성과 충돌했다. 이 사진은 충돌이 목성에 미친 영향을 보여준다. 충돌 표면은 지구 반대편에 있었는데, 가장 아래의 목성 사진에서는 목성 가장자리 위에 떠 있는 작은 구름(사실은 어마어마하게 큰 구름)만 보이며, 나머지 사진들에서는 목성 대기 중의 어두운 영역이 확산되어 가는 모습을 볼 수 있다. 밑에서 두 번째 사진은 충돌 후 90분이 지났을 때 촬영한 것이며, 위에서 두 번째 사진은 충돌 3일 후의 것이다(이제 혜성의 두 번째 파편이 목성과 충돌하여, 검은 얼룩 두 개가 생겼다). 가장 위에 있는 마지막 사진은 충돌 후 5일이 지난 목성의 모습이다.

사진 6 2005년 7월 3일 우주탐사선 딥 임팩트Deep Impact가 구리와 알루미늄으로 된
372킬로그램 무게의 임팩터(충돌선)를 템펠 1 혜성과 충돌시켰다. 이 충돌은 너비가 5
킬로미터 이상인 템펠 1 혜성에 그다지 심각한 해를 가할 수 없었고 충돌로 인한 혜성
의 속도 변화도 초당 0.0001밀리미터에 불과했다. 그러나 충돌 시에 떨어져 나온 파
편을 분석하여 화학적 구성 성분을 알 수 있었으며, 소행성 혹은 혜성을 방어하기 위
한 효율적 방법을 개발하는 과정에서 중요한 진보로 가치를 부여할 수 있었다.

사진 7 '새 은하' 혹은 팅커벨 은하라 불리는 ESO 593-IG 008. 세 은하가 충돌 중인 은하다. 나선 은하 두 개와 불규칙 은하 하나가 서로 합쳐지는 중인데, 중력이 그 은하들의 형태를 일그러뜨려서 어마어마한 새의 형상을 띠고 있다.

사진 8 작은 은하가 더 커다란 은하와의 충돌로 인해 찢어져서 탄생한 성류star stream를 직접 관찰하는 것은 불가능하다. 이것은 2007년에 발견된 은하수의 성류 세 개를 학술적 데이터와 관측에 근거하여 예상한 모습이다. 그림에 보이는 작은 성류 두 개는 은하수가 오래전에 두 개의 구상성단을 합하면서 생겨났다. 은하수를 크게 도는 나머지 하나의 커다란 성류는 은하수와 충돌하여 은하수에 먹혀버린 왜소 은하 의 잔여물로 되어 있다.

사진 9 총알성단은 엄청난 규모의 은하 집단이다. 이 성단은 원래 약 1억 년 전 두 은하단이 충돌하면서 생겨났다. 사진 속의 밝은 천체는 거의 대부분 별이 아니라 은하이다. 두 은하단이 관통하면서 은하단의 구성 성분이 분리되었다. 붉게 표시된 부분이 은하단 사이에 있는 뜨거운 가스이고, 파란색으로 칠해진 부분은 암흑물질이 분포된 영역이다.

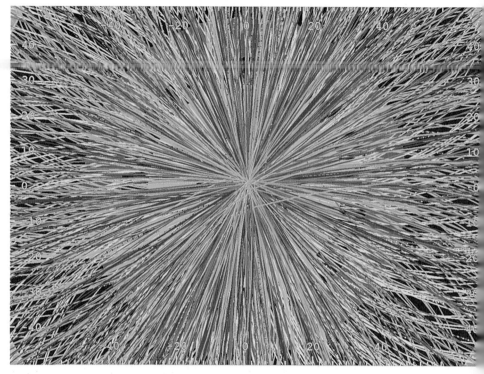

사진 10 약물에 취했을 때 나타나는 환각을 연상케 하는 이것은 입자가속기 LHC의 탐지기 알리스 ALICE가 측정한 납 원자 두 개의 충돌에 대한 이미지다. 두 개의 무거운 원자핵이 거의 빛의 속도로 충돌하면 어마어마한 에너지가 방출되면서 최대 3000개의 새로운 입자가 탄생한다. 그 와중에 지금까지 알려져 있지 않은 소립자들도 만들어져 우주에 대한 우리의 이해를 근본적으로 바꾸어놓을지 모른다.

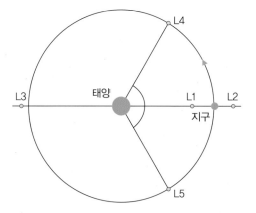

그림 1 태양, 지구, 그리고 다섯 개의 라그랑주 점Lagrangian point. 라그랑주 점은 중력
과 운동의 원심력이 서로의 힘을 상쇄하여 중력이 0이 되는 지점이다.

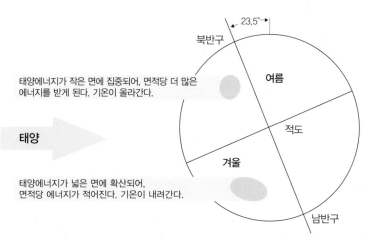

그림 2 자전축이 23.5도 기울어져 있기 때문에 한 해가 흐르면서 한 번은 북반구가,
한 번은 남반구가 태양 쪽으로 기울어진다. 태양 쪽으로 기울어질 때는 태양이 더 높
은 고도에 더 오래 떠 있게 되어 햇빛은 가파르게 좁은 공간에 집중적으로 비쳐 든다.
이때가 바로 여름이다. 겨울에는 이와 반대가 된다.

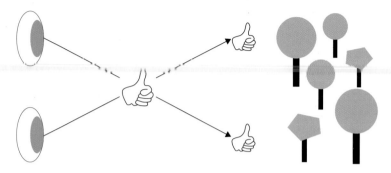

그림 3 팔을 뻗고 엄지손가락을 치켜든 다음 한 번은 오른쪽 눈으로, 한 번은 왼쪽 눈으로 엄지손가락을 보면 배경을 기준으로 엄지손가락의 위치가 변한 것처럼 보인다. 이런 현상을 '시차'라고 한다. 지구에서 서로 다른 시간에 별을 관찰해도 이런 현상이 나타난다. 관찰하는 시간 사이에 지구가 궤도를 진행하여 다른 각도에서 별이 보이기 때문이다. 천체가 가까울수록 시차는 더 크게 나타난다.

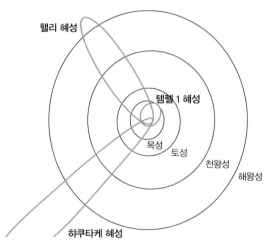

그림 4 혜성들의 길게 뻗은 궤도는 행성들의 궤도와 교차한다. 수성, 금성, 지구, 화성의 궤도는 그림에서 나타나지 않는다. 이런 척도에서는 거의 보이지 않을 정도로 작기 때문이다.

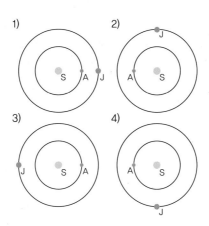

그림 5 공진운동의 예. 목성(J)과 소행성(A)이 태양(S)를 돈다. 목성은 한 바퀴 공전하는 데 소행성보다 정확히 두 배의 시간이 걸린다. 1)에서 목성과 소행성은 아주 가까이에 있다. 2)에서 소행성은 반 바퀴 돌았는데, 목성은 4분의 1바퀴만 진행했다. 3)에서 소행성은 한 바퀴 돌았는데 목성은 반 바퀴 진행한 상태이다. 4)에서 소행성은 또 다시 반 바퀴를 돌았는데 목성은 4분의 3바퀴만 진행한 상태이다. 그리하여 목성이 태양을 한 바퀴 공전하면 소행성은 다시금 1번 그림에서처럼 목성과 나란히 있게 된다. 목성이 이렇게 가까이에 나란히 위치할 때마다 소행성을 중력으로 적잖이 밀게 되면, 오랜 세월 후 소행성은 궤도를 이탈해버린다(그림 속 천체 크기는 척도에 충실하게 재현되지는 않았다).

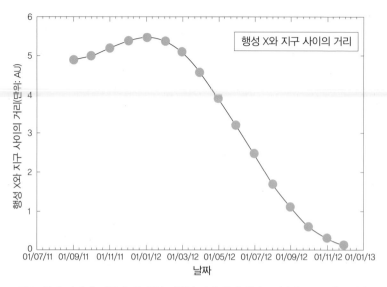

그림 6 특정 시점에 지구에 근접하는 '행성 X'가 있다면(이 그림에서는 2012년 12월에 근접하는 것으로 되어 있다), 케플러의 법칙을 활용하여 임의의 시점에서 지구와의 거리를 계산할 수 있다. 그림에서 거리는 '천문단위(atronomical unit: AU)'로 표시되어 있는데, 천문단위는 바로 태양과 지구 간의 평균 거리이다(약 1억 5000만 킬로미터). 목성은 5AU 정도의 거리에 있는데, 만약 행성 X가 2012년에 정말로 지구와 충돌하려 했다면, 일찌감치 목성보다 지구에 가까워져 하늘에 버젓이 모습을 드러냈어야 할 것이다.

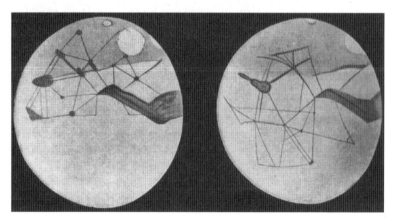

그림 7 20세기 초 퍼시벌 로웰Percival Lowell은 자신의 망원경으로 화성을 관찰했다. 그는 자신이 화성의 많은 운하들을 관찰했다고 말했지만, 훗날 그런 것은 존재하지 않으며 로웰이 착각한 것임이 드러났다.

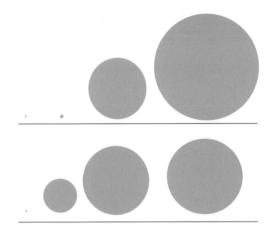

그림 8 아주 다양한 크기의 별이 있다. 위쪽 그림에서 가장 왼쪽의 별이 우리 태양이다. 그 옆의 것은 우리의 하늘에서 가장 밝게 빛나는 시리우스이다. 시리우스는 태양보다 좀 더 크지만, 세 번째 별인 아르크투루스Arcturus에 비하면 매우 작은 별이다. 황소자리의 적색거성인 알데바란Aldebaran은 아르크투루스보다 더 크다. 아래쪽 그림에서는 맨 왼쪽이 알데바란이다. 아래쪽 그림에서는 척도가 바뀌어 알데바란이 왼쪽에 보이는 아주 미세한 점이고, 그 옆의 더 큰 별은 오리온자리의 베텔기우스Betelgeuse다. 그리고 베텔기우스보다 훨씬 더 큰 두 별은 세페우스자리 VV(VV Cephei)와 큰개자리 VY(VY Canis Majoris)이다.

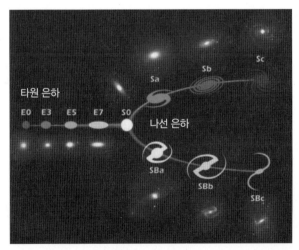

그림 9 다양한 은하를 분류해놓은 '허블 소리굽쇠 도표'. 왼쪽은 타원 은하들로, 'E'로 표시되어 있고, 그 옆의 숫자들은 얼마나 타원형에 더 가까운가를 표시한다. 오른쪽은 나선 은하들인데, 나선 은하는 일반적인 나선 은하('S')와 막대 나선 은하('SB')로 나뉜다. 소문자 a, b, c는 나선팔이 감긴 정도가 얼마나 강한지를 표시한다. 'S0'는 타원 은하와 나선 은하의 중간 정도 되는 은하를 의미한다.

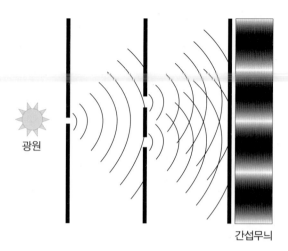

그림 10 이중 슬릿 실험double-slit experiment의 도식적 묘사. 틈새가 하나인 경우 빛이 떨어지면 파동으로 퍼져 나간다. 틈새가 두 개인 경우 두 틈새를 통해 파동이 퍼져 나가다 보면 파동이 서로 만나서 영향을 주게 되는데, 파동이 때로는 상쇄되고 때로는 보강된다. 그리하여 전형적인 간섭무늬가 생겨난다.

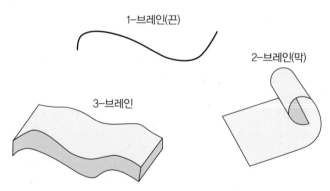

그림 11 M이론에서 말하는 브레인의 도식적 묘사. 1-브레인은 1차원적인 가닥으로 끈이론의 끈이다. 2-브레인은 2차원적인 면, 즉 막이다. 3-브레인은 3차원적인 물체이다. M이론에 따르면 더 높은 차원의 브레인(4-브레인, 5-브레인 등)도 존재할 수 있다. 그러나 그런 브레인들을 시각적으로 표현하는 것은 불가능하다.

우주의 충돌,
생명을 파괴시키거나 탄생시키거나…

두 물체가 충돌하면 물체가 망가진다. 그런 일이 있을 때 우리는 화가 난다. 망가진 물체가 자동차일 때는 더욱 화가 난다. 그러나 때로는 일부러 뭔가를 망가뜨려서, 그 구성 성분으로 새로운 것을 만들려고 할 때도 있다.

2008년 9월 10일 스위스 제네바에 모인 입자물리학자들도 바로 그런 일을 꾀했다. 학자들은 유럽원자핵공동연구소CERN의 세계 최대 강입자충돌기(Large Hardron Collider: LHC)의 관제 센터에 모여 이 어마어마한 입자가속기가 작동하기를 기다렸다. 이 입자가속기는 지하를 통해 제네바에서 프랑스까지 갔다가 다시 돌아오는 27킬로미터 길이의 원형 터널로, 그 안에서는 원자핵의 미세한 구성 성분인 양성자proton가 어마어마한 속도로 가속된다. 외부에서 볼 때는 그 아래 깊은 곳에서 일어나는 드라마틱한 사건이 전혀 느껴지지 않는다. 입자가속기 안에서 입자 다발 하나는 터널을 통해 시계 방향으로 질주하고, 또 하나는 반시계 방향으로 질주한다.

각 다발은 약 1000억 개의 양성자로 구성되어 있다. 작은 입자들의 실주 속도가 거의 빛의 속도에 필적하면, 담당자는 몇 개의 명령어를 컴퓨터에 입력하여 입자들이 이제 서로 스쳐 가지 않고 정면으로 충돌하도록 한다! 그러면 양성자들이 충돌하게 되는데, 양성자들은 충돌하여 서로를 파괴하며 작은 공간에 엄청난 에너지를 방출한다. 그리고 그 과정에서 새로운 입자들이 많이 탄생한다. 터널을 따라 설치된 고층 건물 크기의 거대한 측정기는 이런 충돌들을 기록하고 분석한다.

이런 충돌을 통해 지금까지 알려지지 않은 입자도 탄생할 것이다. 학자들이 오래전부터 찾고 있는 '힉스 입자'가 탄생할 수도 있다(이 책은 독일에서 2012년에 출간되었는데, 2013년에 힉스 입자의 존재가 확인되었음—옮긴이). 그리고 우주의 구조에 대한 생각을 바꾸게 하는 완전히 새로운 입자가 탄생할 수도 있다. 하지만 무슨 일이 일어나건 한 가지는 확실하다. 입자가속기 안에서 충분한 충돌이 일어나기만 한다면, 우리는 우주에 대해 새로운 사실을 알 수 있게 된다는 것이다!

입자가속기에서 학자들은 충돌을 야기할 뿐 아니라, 충돌을 통제하기도 한다. 그러나 우주는 의도되지도, 통제되지도 않는 상태에서 충돌하는 다양한 종류의 천체로 가득하다. 이런 말에 많은 사람들은 고개를 갸우뚱할지도 모르겠다. 우리는 기본적으로 우주를 넓고 텅 비고 단조로운 공간으로 상상하기 때문이다. 사실 '넓고 텅 비어 있다'라는 말은 옳다. 우주는 무한히 넓고, 기본적으로 비어 있다. 단지 때때로 이런저런 별들이 우주에 변화를 야기한다. 그러나 어마어마하게 크고 텅 비어 있다 해도, 우주는 지루한 공간이 아니다. 텅 빈 공간이 끝없이 펼쳐진다 해도, 우주에서는 행성과 별과 은하가 계속해서 충돌하기 때문이다.

많은 충돌은 우리의 상상을 훨씬 초월하는 규모와 파괴력을 지닌다. 이런 충돌 중 대다수는 우리가 전혀 알지 못하는 가운데 일어난다. 어떤 충돌은 생명을 파괴하지만, 어떤 충돌은 오히려 생명을 탄생시킨다. 우주에서 늘상 일어나는 천체들의 충돌 뒤에는 언제나 재미있는 이야기가 숨어 있다. 그리고 우리는 입자가속기 속의 충돌과 마찬가지로 우주에서 일어나는 충돌을 통해서도 우주에 대해 많은 것을 배울 수 있다.

옛날에 하늘은 질서 있고 완벽한 장소로 여겨졌다. 하늘은 신들과 신적 법칙이 지배하는 영역이었다. 그 뒤 연구자들은 차츰차츰 종교적인 생각을 벗어던지고, 우주의 진정한 얼굴을 마주하기 시작했다. 그 얼굴은 우리 인간들이 보기에 그리 기분 좋은 인상은 아니었다. 인간은 세계의 중심이나 창조의 꽃이 아니라는 사실을 알려주었기 때문이다. 우리는 다른 행성들과 더불어 작은 별을 돌고 있는 작은 행성의 거주민일 따름이었다. 우리는 우리의 행성계가 평범하다는 것을 알게 됐다. 다른 많은 별들도 행성들을 거느리고 있으니, 우리의 태양 역시 특별할 것이 없다. 우리의 태양은 몇천억 개의 다른 별들과 더불어 거대한 은하계를 이루는데, 태양과 지구는 이 은하계의 가장자리에 자리 잡고 있다. 그러나 몇천억 개의 별을 거느린 거대한 우리 은하도 알고 보면 우주 전체를 이루는 아주 작은 부분일 따름이다. 우주에는 우리 은하 같은 은하가 몇천억 개가 있고, 또 그 은하들은 각각 몇천억 개의 별들을 거느리고 있다. 그리고 그 별들은 각각 그들의 주위를 도는 많은 행성을 거느리고 있다.

이런 행성 중 최소한 하나에는 정확히 생명이 탄생할 수 있는 적절한 조건이 조성되었다. 그 행성이 바로 지구다. 그리고 지구의 생물체는 주변의 우주를 관찰할 뿐 아니라, 이런 우주와 그들 자신이 어떻게 생겨났는지를 자문할 능력이 있을 만큼 지능이 발달했다. 그들은 우주의 근원에 대한 답을 찾고자 하고, 이 목적을 위해 거대한 입자가속기를 만들었을 뿐 아니라 우주 충돌에 대해서도 연구하고 있다.

우주의 충돌은 상상을 초월하는 파괴력을 지니지만 사실 이런 충돌은 우주에서 아주 흔하게 발생하는 일이다. 그러므로 지구가 그런 충돌로 멸망한다 해도, 그것은 우주적인 시각으로 보면 아주 평범한 일이다. 물론 인간들에게 그것은 생각만 해도 무서운 일이다. 우연히 이 지구에 살게 된 인간들이 지구가, 그리고 인간들이 몽땅 멸망한다고 생각하는 것이 어찌 쉽겠는가. 그러나 우리 인간들은 그런 충돌을 통해 지구 문명이 완전히 멸망해버릴 수도 있다는 생각만 하지, 우리가 존재하게 된 것 역시 그런 충돌 덕분이었음은 간과한다. 사실 두 천체가 때때로 충돌하지 않는다면 우주는 어둡고, 생명이 없고, 지루한 공간일 것이다.

충돌이 비로소 우주를 우주로 만든다. 충돌이라는 것은 뭔가 움직여야만 가능한 것이고, 움직임은 역동적인 우주의 토대다. 움직임, 역동성이 없는 우주에는 충돌도 없고 충돌을 통해 야기되는 파괴도 없겠지만, 충돌을 통해 파괴될 수 있는 것 역시 아무것도 남지 않게 될 것이다. 그런 우주는 처음부터 죽은 우주이고 생명이 없는 우주다. 우리는 우주에서 일어나는 충돌을 약간의 경외심을 가지고 바라보아야 한다. 물론 우주 충돌은 결코 대수롭지 않은 사건이 아니다. 그러나 우주 충돌이 없었다면 우리도 존재하지 않았음을 잊지 말아야 한다.

이 책은 우주 충돌의 어마어마한 파괴력을 이야기하고 있지만 동시에 지구 멸망에 대한 변론서라 할 수 있다. 우리가 왜 충돌에 감사해야 하는지에 대해 이야기를 시작해보자.

1부
태양이 품은 수수께끼

태양은 무엇일까? 신일까, 신들의 상징일까? 설명이 필요하지 않은 창조 장치의 일부일까?

우선 고대 그리스인들이 이런 질문에 답을 하기 시작했다. 그들은 태양이 정말로 지구보다 크다는 것을 알아냈다. 약 2300년 전에 살았던 아리스타르코스 Aristarchos 같은 연구자들은 조심스럽게 자문했다. 지구가 작고 태양이 훨씬 크다면 태양이 지구를 도는 것이 아니라 지구가 태양을 돌아야 맞지 않을까 하고 말이다. 그런가 하면 태양이 지구에서 상상할 수 있는 거리보다 훨씬 더 멀리 떨어져 있다는 사실도 밝혀졌다. 그러나 태양이 도대체 왜 빛나는 것인지는 여전히 수수께끼였다. 태양은 하늘에만 존재하는 특이한 물질로 되어 있어 빛을 발하는 것일까?

태양의 진정한 본질

우주에서 일어나는 충돌이 지금 이 순간에도 우리가 살아가는 데 정말 중요하다는 것을 이해하고 싶은 이들은 눈을 들어 하늘을, 특히 태양을 바라보면 된다. 오랫동안 인간들은 태양이 대체 무엇이며, 태양이 왜 밝은 빛을 발하는 것인지 알지 못했다. 물론 설명할 필요도 없었다. 신이 인간들의 보금자리로 지구를 만들어주었다는 걸 누구나 알고 있었기 때문이다. 인간이 살기 위해서는 빛과 열이 필요하므로 신들이 하늘에 적당한 발광체를 만든 것이라고 믿었다.

고대 이집트 문명의 신화든 고대 그리스 신화든 성경의 창조 이야기든 다르지 않았다. 태양은 생명을 가능케 하는 것이었으며 인간들을 위해, 인간이 사는 지구를 덥히고 밝히기 위해 특별히 만들어진 것으로 여겨졌다. 그랬다. 어쨌든 지구가 우주의 중심이었다. 한편 밤하늘에서 빛나는 수많은 빛의 점들, 즉 별들이 대체 무엇인지를 궁금해하는 사람들도 늘 있었다. '태양은 아주 커다랗고 밝다. 별들은 작고 밝다. 둘 모두 하늘에 있다. 그렇다면 별들도 아주 멀리 있을 뿐이지 태양과 같은 것이 아닐까?'

왜 그렇게 밝고 따뜻한가?

이런 생각은 아주 흥미로웠다(무엇보다 그런 이교적인 사고로 인해 종교 지도부와 갈등에 빠질 수 있다는 생각은 하지 못했다). 그러나 많은 사람들은 태양의 진정한 본질에 대해서는 잘 알지 못했다. 태양은 무엇일까? 신일까, 신들의 상징일까? 설명이 필요하지 않은 창조 장치의 일부일까? 이에 대한 답을 찾는 사람들이 나타났다. 그들은 태양이 얼마나 크며 얼마나 멀리 떨어져 있는지, 태양이 무엇으로 만들어져 있으며 왜 그렇게 밝고 따뜻한지를 알고자 했다.

우선 고대 그리스인들이 이런 질문에 답을 하기 시작했다. 그들은 태양이 정말로 지구보다 크다는 것을 알아냈다. 약 2300년 전에 살았던 아리스타르코스Aristarchos 같은 연구자들은 조심스럽게 자문했다. 지구가 작고 태양이 훨씬 크다면 태양이 지구를 도는 것이 아니라 지구가 태양을 돌아야 맞지 않을까 하고 말이다. 그런가 하면 태양이 지구에서 상상할 수 있는 거리보다 훨씬 더 멀리 떨어져 있다는 사실도 밝혀졌다. 그러나 태양이 도대체 왜 빛나는 것인지는 여전히 수수께끼였다. 태양은 하늘에만 존재하는 특이한 물질로 되어 있어 빛을 발하는 것일까? 철학자 아낙사고라스Anaxagoras는 최초로 지구에서 볼 수 있는 것들로 하늘의 과정을 설명하고자 했고, 태양이 새빨갛게 달구어진 돌이라고 생각했다. 엄밀히 말하면 그 시대 그 누구도 태양이 무엇인지 도무지 알지 못했다. 그것을 알아낼 가능성도 없어 보였다. 이어지는 몇백 년간에도 상황은 별로 달라지지 않았다.

그러나 세월이 흐르면서 태양계의 구조에 대해 약간 더 많은 것이 알려졌다. 지구는 우주의 중심이 아니라 태양 주위를 도는 여러 행성 중의 하나로 드러났으며, 행성과 별들이 유리로 된 천구에 장식되어 있다는 생각도 착각임이 밝혀졌다. 태양이 대체 어디서 에너지를 얻는지는 몰라도, 최소한 태양이 평범한 천체이고 신이 아니라는 것은 확실해진 셈이다.

박학한 무지

18~19세기에는 새로운 행성 몇 개가 추가적으로 발견되었다. 근대의 행성을 맨 처음 발견한 사람은 1781년 독일에서 태어나 영국으로 이민했던 윌리엄 허셜Frederick William Herschel이었다. 허셜은 처음에 음악가로 먹고 살며 취미로 천문학을 하던 아마추어 천문학자였다. 그러나 다른 사람들과는 달리 망원경을 만들 줄 알았고, 그의 망원경은 영국에서 가장 크고 가장 좋은 것이었다. 그러므로 허셜은 다른 사람들보다 더 많이 볼 수 있었으며, 당시까지 알려져 있지 않던 행성을 발견한 것도 놀랄 일이 아니었다. 그가 발견한 행성은 천왕성이라 불렸고 허셜은 세계적으로 유명해졌다.

허셜은 이제 음악을 그만두고 완전히 천문학에 몰입했다. 그러고는 계속하여 하늘을 관찰했으나, 점차 새로운 행성을 수색하는 대신 하늘에서 별들이 어떻게 분포되어 있는지를 알아내고자 했다. 물론 행성에 대해서도 숙고를 계속하여 각 행성에 ―지구처럼― 지적 생물체가 살고 있다고 보았다. 태양에도 말이다. 이런 생각을 한 사람이 허셜 하나만은 아니었다. 철학자 니콜라우스 쿠자누스Nicolaus

Cusanus는 15세기에 이미 태양이 지구와 비슷하다고 확신했다. 니콜라우스 쿠자누스는 1440년 그의 책 《박학한 무지(혹은 무지의 지)De docta ignorantia》에 이렇게 썼다.

"태양의 몸체를 관찰하면, 가운데에 지구와 비슷한 것이 있다. 주변에는 빛나는 것, 불타오르는 것이 있고, 그 중간에는 수증기 구름 비스름한 것과 맑은 공기가 있다. 태양은 지구와 같은 원소로 되어 있다."

쿠자누스는 지구와 마찬가지로 태양도 빛나는 구름으로 둘린 고체라고 본 것이다. 그는 우주에서 지구를 관찰하면 지구도 태양처럼 빛날 것이라고 생각했다. 또한 망원경이 고안된 이래 태양 표면에서 점점 더 많이 관찰되었던 흑점은 구름이 덮이지 않은 부분을 통해 태양의 차가운 땅이 들여다보이는 것이라고 설명하기도 했다.[1] 많은 천문학자들이 그런 의견을 가졌으며 허셜도 그중 하나였다. 라이프치히 출신의 요한 사무엘 트라우고트 겔러Johann Samuel Traugott Gehler가 당시 널리 보급되어 있던 《물리학 사전Physikalischen Wörterbuch》(1787~1795)에 기고한 글은 태양에 대한 당시의 지식 수준을 잘 보여준다.

---

1 오늘날에는 태양의 흑점이 태양의 자기장 때문에 생겨나는 것임이 알려져 있다. 특정 부분에 자기장이 강해지면 온도도 낮아지고 색도 더 어두워 보이는 것이다.

"근본적으로 태양광선이 지구에 미치는 영향으로는 태양의 특성을 유추할 수 없다. (…) 어떤 사람들은 태양이 전기를 띤 구라서 빠르게 공전하며 전기적인 빛을 방출하고, 태양계 전체로 그 빛을 퍼뜨린다고 상상한다. (…) 관찰을 통해서는 태양의 표면밖에 알 수가 없다. 그리하여 태양의 표면만을 보고서 우리는 태양이 빛난다는 것을 알고 있다. 내부는 어두울 수도 있다. 태양에 얼룩이 보이는 것으로 미루어볼 때 상당히 개연성이 있는 이야기다. 빛나는 외투만 입었을 뿐 내부는 어두운 천체일 수도 있다. (…) 그러나 이제 이런 외투가 밀도 높은 에테르로 되어 있는지, 빛을 내는 물질로 되어 있는지, 전기를 띤 물질로 되어 있는지, 또는 (…) 전기로 인해 점화되어 타오를 수 있는 공기로 되어 있는지, 빛나는 외피 아래의 어두운 구에 생각하고 느낄 수 있는 생물체가 살고 있는지 등에 대해서는 추측만 할 수 있을 뿐 확실히 말할 수 없다. 따라서 태양이 어떤 특성을 가지고 무엇으로 되어 있으며 그곳에 생물이 거주할 수 있는지에 대해 전혀 아는 것이 없다고 솔직히 고백하는 것이 가장 좋은 일일 터이다."

말하자면 햇빛은 전기적으로 생성되거나, 빛나는 '에테르'나 그 밖의 어떤 것으로 인한 것이라는 이야기다. 그리고 생물체는 거주할 수도 있고 거주하지 않을 수도 있다고 본 것이다. 결론적으로 당시까지의 태양에 대한 지식 수준은 고대 그리스 시대보다 별로 나아진 것이 없었다고 볼 수 있다.

가설의 진전

태양에 대한 지식은 19세기 들어서야 서서히 진척이 이루어졌다. 1834년 독일의 물리학자 헤르만 폰 헬름홀츠Hermann von Helmholtz는 태양이 어떻게 에너지를 얻는지에 대해 그래도 꽤 쓸 만한 메커니즘을 제안했다. 태양이 다른 행성들보다 크기와 질량이 훨씬 크다는 것은 당시 이미 알려져 있었다. 그런데 만약 태양이 커다란 중력으로 인해 천천히 스스로 함몰된다면 어떻게 될까? 태양은 점점 더 밀도가 높아지며 뜨거워질 것이고, 이런 과정이 에너지를 공급하여 햇빛을 통해 지구와 다른 행성에게 전달되지 않을까? 헬름홀츠는 태양이 이런 방식으로 몇백만 년간 빛을 발할 수 있을 정도의 에너지를 만들어낼 수 있음을 계산해 보였다. 훌륭한 일이었다. 사실 그때까지의 모든 이론은 저마다 커다란 문제를 가지고 있었다.

생각해보자. 가령 태양에서 평범한 불이 타오른다면, 그 어마어마한 크기로 보아 어디서 계속 불을 땔 수 있는 땔감을 얻겠는가. 태양이 숯으로 된 이글거리는 구라면, 몇천 년 타다가 불이 꺼지지 않겠는가. 우주의 나이가 기껏해야 6000년쯤 된 것으로 나오는 성경의 창조 이야기를 믿는다면 문제가 없겠지만, 19세기에 학자들은 서서히 종교로부터 떨어져 나오고 있었다. 찰스 다윈Charles Darwin 같은 생물학자들과 지질학자들은 지구와 지구상의 생물이 느린 과정을 통해 서서히 형성되며, 생명을 펼치기 위해 많은 시간을 필요로 한다는 것을 알아냈다. 그것은 수천 년 가지고는 되지 않을 일이었다. 이런 상황에서 헬름홀츠는 태양이 그런 긴 세월 동안 대체 어떻게 에너지를 만들어내는 것인지에 대해 납득할 수 있는 설명을 제시해주었다.

태양을 더 자세히 알기 위하여

하일브론 출신의 의사였던 율리우스 로베르트 폰 마이어Julius Robert von Mayer는 새로운 사고를 보여주었다. 그는 에너지가 결코 없어지지 않고 단지 변환될 뿐이라는 것을 최초로 깨달은 학자이다. 로베르트 폰 마이어는 1848년에 이런 에너지 보존 법칙에 기반한 생각을 공개했다. 즉 태양과 충돌하는 작은 소행성들이 필요한 에너지를 공급해줄 수 있다는 것이었다. 어떤 물체가 빠르게 운동을 하다가 충돌로 인해 브레이크가 걸리면, 그것의 운동에너지는 그냥 사라져버리지 않는다. 이는 모든 교통사고에서도 확인할 수 있다. 자동차가 충돌할 때 방출된 엄청난 힘으로 인해 차는 완전히 망가질 수도 있다. 그러므로 행성의 운동에너지도 태양과 충돌할 때 그냥 없어져버리지 않고 충돌하면서 열에너지로 변환된다고 본 것이다. 그렇다면 이 가설이 충돌이 태양에너지에 중요한 역할을 하는 이유를 온전히 설명해줄 수 있는 것일까? 그렇지는 않다. 물론 소행성이 계속하여 태양에 달려드는 것도 상당한 에너지원이 될 것이다. 그러나 만약 그렇다면 태양의 질량은 세월이 흐르면서 계속하여 커지는 것을 관찰할 수 있을 텐데, 그런 징후는 없었다.

영국의 천문학자 리차드 크리스토퍼 캐링톤Richard Christopher Carrington (당시 가장 성공적인 천문학자였을 뿐 아니라, 맥주 양조장을 운영했다)은 1850년대에 태양의 다양한 부분이 서로 나른 빠르기로 회진한다는 것을 발견했다. 캐링톤은 태양에서 거의 언제든지 볼 수 있는 흑점을 관찰했고 흑점들이 서로 다른 빠르기로 회전한다는 것을 확인했다. 태양 적도 근처의 흑점은 완전히 회전하는 데 24일이 걸렸고, 극 부근의 흑점은 회전하는 데 훨씬 더 오래 걸려서 약 31일 정도 소요되었다.

이것은 태양이 고체가 아니라 기체로 이루어진 커다란 구라는 이야기였다. 고체를 이루는 부분들이 그렇게 서로 다른 빠르기로 회전하면 그 고체는 산산이 부서져버릴 것이었다. 따라서 그러한 현상을 보여줄 수 있는 것은 가스로 이루어진 구뿐이리라. 지구에서처럼 태양에도 생물이 거주할 수 있다는 옛 가설은 최종적으로 자연스럽게 폐기되었다. 가스로 이뤄진 구 같은 곳에는 생물이 있을 리가 없었다. 그러나 태양에 생물이 거주한다는 생각만 포기해야 하는 것이 아니었다. 19세기 말에는 태양에너지에 대한 헬름홀츠 이론으로부터도 결별할 수 있었다. 프랑스의 물리학자 앙투안 앙리 베크렐Antoine Henri Becquerel이 방사능(방사성)을 발견했던 것이다. 그리고 그 발견의 도움으로 지구가 얼마나 오래되었는지도 알아낼 수 있었다.

별을 구성하는 것들

'방사능'이라는 말은 새로운 물리적 현상을 일컬었다. 여러 원자들은 안정되어 있지 않고, 세월이 흐르면서 다른 원자로 붕괴한다. 원자들이 붕괴하는지, 어떻게 붕괴하는지는 원자핵이 어떻게 구성되어 있는가에 달려 있다. 원자핵은 미세한 입자들, 즉 전기적으로 양성을 띠는 양성자와 중성을 띠는 중성자로 이루어져 있다. 특정 원소의 원자핵에는 언제나 같은 수의 양성자가 있다. 가령 양성자가 수소에는 하나뿐이고, 탄소에는 여섯 개이며, 철에는 26개, 금에는 79개 있다. 그러나 중성자의 수는 서로 다를 수 있다. 양성자 수는 같고 중성자의 개수가 달라 질량이 달라지는 원소를 동위원소Isotope라고 한다.

　우리 인간과 지구상의 다른 모든 생물은 대부분 탄소로 이루어져 있다. 탄소 원소는 보통은 양성자 여섯 개와 중성자 여섯 개로 구성된다. 그러나 탄소의 특별한 동위원소로 원자핵의 중성자가 여섯 개가 아니라 여덟 개인 것도 있다. 따라서 핵을 구성하는 성분이 열두 개가 아니라 열네 개인 것이다. 이런 두 개의 추가적인 중성자는 그 원소를 불안정하게 한다. 그리하여 원자핵은 더 이상 유지되지 못하고 갈라진다. 탄소원자는 다른 화학 원소인 질소로 변화하고, 이때 여분의 에너지는 복사선으로 방출된다.

원소가 이렇게 변화하는 것을 일컬어 '방사능(방사성)'이라 부른다. 따라서 '탄소-14'는 방사성 원소다. 그 원소는 자연에 소량 존재하며, 모든 생물은 —일반적인 수소와 함께— 계속하여 그 원소를 받아들인다.[2] 그러나 탄소-14는 불안정하므로 계속하여 붕괴한다. 우리가 살아 있어 계속 영양을 섭취하는 동안, 우리는 붕괴된 탄소-14를 계속해서 새로운 것으로 대체한다. 비로소 죽어서 영양 섭취를 할 수가 없으면 새로운 탄소-14가 더 이상 공급되지 않는다. 그러므로 고고학자들이 유기물질(뼈를 예로 들 수 있다)의 일부를 채취하여 얼마나 많은 탄소-14가 포함되어 있는지를 측정하면, 그 물질이 얼마나 오래된 것인지를 계산할 수 있다.

모든 방사성 원소는 소위 특정한 반감기를 가지고 있다. 탄소-14의 경우 반감기는 5730년이다. 5730년이 지나면 원래 존재했던 탄소-14 원자핵의 절반이 붕괴한다는 이야기다. 다시 5730년이 지나면 또 다시 반이 사라지며, 그렇게 계속된다. 물질 안의 탄소 양은 점점 줄고 대신 탄소가 분열하여 생겨나는 원소의 양이 증가한다(이 경우에는 질소-14이다). 물론 이런 방법으로 임의로 모든 오래된 대상의 연대를 측정할 수는 없다. 언젠가는 탄소-14가 거의 남지 않아 측정 자체가 불가능해지기 때문이다. 그러나 자연에 존재하는 방사

---

2 그 양은 아주 적어서 방사선을 걱정할 만큼은 되지 않는다.

성 원소들은 많으므로, 붕괴가 더 느린 원소들을 활용할 수 있다. 방사성 원소가 얼마나 많은지를 측정하고, 또 그 방사성 원소가 분열해서 생기는 원소의 원자가 어느 정도 있는지를 측정하는 것이다. 이제 그 방사성 원소의 반감기를 알면, 곧장 연대를 알 수 있다.

다양한 암석을 구성하는 원소들 역시 방사성 동위원소들을 가지고 있다. 그리하여 탄소-14로 유기물의 연대를 계산할 수 있는 것처럼, 그 방사성 동위원소들을 활용하여 암석의 연대를 측정할 수 있다. 학자들은 그런 방법으로 암석이 몇십억 년 되었다는 것을 확인했다. 이것은 헬름홀츠의 메커니즘으로는 도저히 설명되지 않는 방대한 세월이었다. 그러나 다행히 세계는 20세기 초 학문의 혁명을 경험했고, 그 혁명의 와중에 태양에너지의 수수께끼는 최종적으로 풀리게 될 것이었다.

분광학, 그리고 방사성

이런 인식의 토대는 또 다른 문제를 해결해주기도 했다. 이 문제는 원래 천문학자들이 영영 풀리지 않을 것이라고 여겼던 문제로, 별들이 무엇으로 구성되어 있는지에 대한 의문이었다. 다른 자연과학자들과 달리 천문학자들의 연구에는 난점이 있다. 천문학자들의 연구 대상은 모두 상상을 초월하는 먼 거리에 있는 것이다. 그리하여 연구 대상을 가까이에서 눈으로 확인하고 실험을 하는 것이 불가능하다.

물리학자들은 측정하고 무게를 달며 동물학자들과 의학자들은 해부하고 진단을 하지만, 천문학자들은 멀뚱멀뚱 쳐다보기밖에 할 수 없다. 오직 빛에서만 모든 정보를 끌어와야 한다. 별빛만 보고 별의 내부에서 일어나는 일을 어떻게 알 수 있단 말인가? 별들은 상상할 수 없을 만큼 멀리에 있고 별빛은 많은 경우 수십만 년을 거쳐 지구에 도달했는데, 천문학자들이 가진 것이라고는 이 빛이 전부였다. 그러니 별들이 무엇으로 구성되어 있는지 알 길이 만무해 보였다.

그러나 1859년에 하이델베르크의 구스타프 키르히호프Gustav Kirchhoff와 로베르트 분젠Robert Bunsen[3]은 예상과 달리 이를 알아낼 수 있다는 것을 발견했다. 그들은 새로운 학문 분야를 '분광학 spectroscopy'이라 불렀다. 앞서 17세기에 이미 아이작 뉴턴Isaac Newton은 프리즘이라는 특별한 유리를 통과하는 빛은 갈라진다는 것을 보여주었다. 빛을 통과시켜보면 프리즘의 다른 쪽 끝에서는 더 이상 하얀 빛이 나오지 않고, 빛을 이루는 여러 가지 색깔이 나온다. 무지개 역시 정확히 그런 원리로 탄생한다. 무지개의 경우 빗방울들이 프리즘 역할을 하여 햇빛을 각각의 색깔로 분산시키는 것이다. 실험실에서도 이런 현상을 실험할 수 있다. 실험실에서 햇빛을 프리즘에 통과시키고 정확히 관찰하면 무지개 속에 몇몇 어두운 선들을 볼 수 있다.

---

3 로베르트 분젠은 실험실에서 종종 사용되는 가스 버너인 분젠 버너의 발명가로 잘 알려져 있다.

사실 1814년 뮌헨의 광학자 요제프 폰 프라운호퍼Joseph von Fraunhofer가 이미 이런 어두운 선을 발견했으나, 당시 그는 이런 선들이 어디서 유래하는 것인지 알지 못했다. 그런데 키르히호프와 분젠이 비로소 이를 설명할 수 있었다. 즉 어떤 물질을 강하게 가열하여 그 물질이 복사선을 발하기 시작하고 빛을 내면 이때도 분광된 빛에서 선들이 나타나는데, 지문이 사람마다 서로 다르듯이 이런 선도 화학 원소마다 서로 다르다. 이런 선들은 빛의 입자들이 물질의 원자에 부딪힐 때 생겨난다. 그런데 원자는 원자핵만으로 이루어지지 않는다. 전자 껍질이 원자핵을 두르고 있다. 빛의 입자가 에너지를 가지고 전자와 만나면 빛의 입자들은 이런 에너지를 전자에 전달하고, 전자들은 특정 파장의 빛을 흡수한다. 무지개에 어두운 선이 생겨나는 것은 이러한 원리다.

전자와 상호작용하기 위해 빛이 가지고 있어야 하는 에너지는 전자의 배열에 좌우된다. 그런데 전자의 배열은 화학 원소마다 서로 다르고, 선이 나타나는 패턴 또한 원소마다 다르다. 그러므로 별빛을 프리즘에 통과시켰을 때 생겨나는 선을 관찰하고, 어떤 원소가 그런 패턴의 선을 갖는지 확인하기만 하면 별이 무엇으로 이루어져 있는지를 알 수 있다. 이런 과정의 연구를 통해 별은 주로 수소로 이루어져 있는 것으로 나타났다. 대부분의 별은 원소 중 가장 단순한 수소가 주된 성분을 이루었다. 나머지는 그다음으로 단순한 원소인 헬륨으로 이루어져 있었다. 그 외 여러 화학물질들도 아주 소량 포함되어 있었다.

그렇게 서서히 태양에너지의 비밀을 풀어줄 여러 요소들이 한데

모였다. 분젠과 키르히호프는 분광학을 들여왔고 앙투안 앙리 베크렐은 방사성을 발견했다. 여러 원소들은 다른 원소로 분열되고 거기서 방사선 형태의 에너지가 생겨날 수 있음이 밝혀졌으며, 태양이 어떤 원소로 되어 있는지도 알게 되었다. 이제 이런 사실들을 적절히 연결시킬 차례였다. 그 부분은 바로 알베르트 아인슈타인Albert Einstein이 담당했다.

수소는 어떻게 헬륨으로 변화되는가?

현대 물리학의 커다란 발전을 이야기하면서 알베르트 아인슈타인을 지나칠 수는 없다. 아인슈타인은 1905년 물리학의 미래를 확바꿀 만큼 뛰어난 논문을 다수 발표했다. 그중 〈움직이는 물체의 전기 역학에 대하여Zur Elektrodynamik bewegter Körper〉라는 논문은 오늘날 '특수상대성이론'이라 부르는 내용이었다. 아인슈타인은 이 논문으로 물리학적 세계상을 뒤집어놓았던 건 물론이고(그에 대해서는 7부에서 더 살펴볼 것이다), 상대성이론을 고안하는 중에 세계적으로 가장 유명한 공식일 'E=mc²'을 도출했다. 그 공식이 의미하는 바는 질량과 에너지는 등가라는 것이었다.[4] 즉 하나는 다른 하나로 변환될 수 있는데, 터무니없이 작은 질량도 어마어마한 에너지를 담고 있다는 것이다.

그런데 태양은 질량이 터무니없이 작기는커녕 어마어마하므로, 엄

---

4 이 공식은 논문 본문에 포함되어 있지 않았고, 아인슈타인이 하루 늦게 추가 제출한 '한 물체의 관성이 그의 에너지와 관련이 있는가'라는 제목의 부록에 나와 있었다.

청난 에너지를 가지고 있을 터였다. 그러므로 태양이 어떻게 그렇게 하는지는 모르지만 질량에서 에너지를 얻는다는 것은 아인슈타인을 통해 기정사실이 되었다. 태양은 어떻게 에너지를 얻을 수 있는 걸까? 알베르트 아인슈타인은 이 해답을 발견하는 데도 결정적인 역할을 했다. 아인슈타인은 1905년 상대성이론 외에 브라운 운동을 주제로 한 논문도 발표한 바 있었다.

이 논문에서 아인슈타인은 오래전에 알려진 현상을 탐구했는데, 바로 영국의 식물학자 로버트 브라운Robert Brown이 발견한 현상이었다. 물속에서 떠 있는 미세한 꽃가루를 현미경으로 관찰하면, 꽃가루가 가만히 있지 않고 액체 속에서 특정한 질서 없이 이리저리 움직인다. 브라운은 이것이 식물 입자의 '생명에너지' 때문이라고 생각했다. 그러나 나중에 학자들은 꽃가루가 움직이는 것이 인간의 눈에는 보이지 않지만 물 분자와 충돌하고 있기 때문임을 밝혀냈다. 아인슈타인은 자신의 논문에서 마침내 이렇게 충돌을 통해 받는 자극의 수학 모델을 세부적으로 도출했고, 물속에서 끊임없이 이리저리 질주하는 원자들이 꽃가루의 우연한 움직임을 유발한다는 것을 정확히 설명해냈다. 이에 프랑스의 화학자 장 페랭Jean Perrin은 아인슈타인의 논문에 의거하여 아인슈타인의 수학 모델을 실험적으로도 입증하고자 했다. 그는 아인슈타인의 이론으로 무장한 채 화분의 운동을 정확히 분석함으로써 각 원자의 크기와 질량을 규정할 수 있었다.

원자의 구조를 관찰하면 약간 이상한 것을 발견할 수 있다. 각 원자핵은 특정한 개수의 양성자와 중성자로 되어 있다. 그렇다면 원자핵의 전체 질량은 핵을 구성하는 양성자와 중성자의 질량을 합친 것과 같으리라고 생각할 수 있다. 그러나 페랭의 실험 결과는 이런 단순한 생각이 틀렸음을 보여주었다. 원자핵은 그를 구성하는 입자들을 합친 무게보다 더 적게 나간다. 원자핵을 이루는 각각의 구성 성분을 결집시키기 위해서는 에너지가 필요하고, 아인슈타인 덕분에 알게 되었듯이 에너지는 다름 아닌 질량이기 때문이다! 이런 현상을 '질량 결손'이라 부른다. 더 많은 핵입자들을 서로 결합시키려면 그에 필요한 에너지가 더 커지고, 더 많은 질량이 사용되어야 한다. 이제 핵을 구성하는 입자가 몇 안 되는 원소의 원자와 핵을 구성하는 입자가 더 많은 원소를 결합시키면, 새로 생겨나는 원소는 원래의 원소들보다 질량 결손이 더 많아진다. 그리하여 에너지가 생겨나고, 이런 남아도는 에너지는 방출된다. 원자핵이 합쳐지는 것, 즉 가벼운 원자가 무거운 원자로 변화되는 것을 통해 에너지가 생겨날 수 있다는 말이다.

20세기 두 번째 혁명

이런 인식은 태양의 수수께끼를 푸는 중요한 걸음이었다. 태양은 주로 수소와 헬륨으로 구성되어 있다. 이 사실로부터 수소가 헬륨으로 변화된다는 것을 추측할 수 있었다. 수소핵은 하나의 양성자로 되어 있고, 헬륨의 핵은 양성자 두 개를 가지고 있다. 그리하여 수소핵

두 개가 합쳐져 헬륨이 만들어질 수 있다.[5] 이 경우 헬륨은 질량 결손으로 인해 수소원자 두 개의 질량을 합친 것보다 더 가볍다. 그리고 남은 질량은 에너지의 형태로 방출된다(아인슈타인이 질량과 에너지는 등가라는 것을 보여주었다). 따라서 태양에서 수소가 헬륨으로 융합되고, 거기서 생성되는 에너지가 복사선으로 나오는 것이다!

탁월한 이론처럼 들린다. 그리고 정말로 탁월한 이론이었다. 그러나 여전히 작은 문제가 남아 있었다. 그렇다면 수소는 정확히 어떻게 헬륨으로 변화되는 것일까? 보통 원자핵은 서로 붙어서 새로운 원소를 이루는 것이 그리 쉽지 않다. 원자핵은 전기적으로 양성을 띠고 있기에, 다른 양성을 띤 원자핵을 만나면 마치 같은 극을 갖다댄 자석처럼 서로 밀어낸다. 그러므로 태양에서 이렇게 되지 않고 수소원자핵이 합쳐져 헬륨핵이 생성되려면 수소원자핵은 어떤 식으로든 이런 전자기적 척력(밀어내는 힘)을 극복해야 한다. 척력을 극복하는 것은 수소원자들이 서로 아주 강하게 충돌할 때만이 가능하다. 그리고 밀쳐내는 힘을 이기고 이렇듯 충돌할 만한 에너지를 갖기 위해서는 속도가 빨라야 한다. 따라서 수소원자들은 태양 속에서 정말로 세게 부딪혀야 한다! 그러나 겉보기에는 그런 일이 없을 것만 같았다.

한 물체의 온도는 그 물질을 이루는 입자들의 운동 속도를 판가름하는 잣대이다. 입자들은 뜨거울수록, 빠르게 움직인다(오래 가열하

---

5 그러나 안정된 헬륨핵은 양성자 두 개 외에도 중성자 두 개가 필요하다. 헬륨이 이런 중성자를 어떻게 가지게 되는지는 뒤에 알게 될 것이다.

면 모든 물질이 녹아서 증발한다. 입자들의 빠른 운동으로 인해 고정된 구조를 유지하는 것이 더 이상 가능하지 않다). 물론 모두가 그런 것은 아니다. 늘 빠르게 움직이는 것들도 있고, 아무리 가열해도 느리게 움직이는 것들도 있다. 20세기 초에 이미 이에 대한 통계적인 문제들을 해결하고, 얼마나 많은 원자핵들이 특정한 속도에 도달할 수 있는지를 규명하는 방법이 알려져 있었다.[6] 그리고 그 방법을 적용한 결과 태양은 한마디로 너무 차가운 것으로 나타났다! 그랬다. 몇몇 원자핵은 정전기적인 척력을 극복할 수 있을 만큼 빠르게 운동한다. 그리고 그들이 충돌해서 정말로 가까이 가면 이제 소위 '강한 핵력(강한 상호작용)'이 작용하기 시작한다. 강한 핵력은 중력과 전자기력처럼 자연의 기본적인 힘(이하 '기본 힘'이라 칭함)에 속하는 힘으로, 원자핵 내에서 입자들을 결집시켜주는 힘이다. 물론 강한 핵력이 미치는 거리는 아주 짧아서 두 원자핵이 진짜로 가까워져야만 충돌에서 서로 '붙어' 당겨 융합이 일어날 수 있게 된다.

이미 말했듯이 태양 안의 몇몇 원자핵이 운동하는 속도는 매우 빨랐다. 그러나 이러한 점만으로 에너지 방출을 설명하기에는 충분하지 않다. 핵융합으로 충분한 에너지를 만들어내기 위해서 태양은 실제보다 훨씬 더 뜨거워야 할 것이고, 그래야 비로소 그들 안의 원자들이 충분히 빠르게 날아다닐 수 있을 것이었다. 그렇다면 이제 이런

---

6 기체의 움직임을 묘사할 수 있는 열역학은 오스트리아의 물리학자 루드비히 볼츠만 Ludwig Boltzmann이 19세기 말에 정립하였다.

우아하고 아름다운 이론을 포기해야 할까? 그렇지 않았다. 물리학자들은 아직 그들의 무기고를 다 동원한 것이 아니었다. 앞서 살펴보았듯이 베타에너지의 수수께끼를 푸는 새 방은 상대성이론으로부터 시작되었고, 서서히 20세기의 두 번째 학문적 혁명을 고찰할 시간도 다가왔다. 그 학문적 혁명이란 바로 바로 양자역학이다.

양자역학의 업적

양자역학이 탄생한 것은 1900년, 뮌헨의 물리학자 막스 플랑크Max Planck가 어떤 물체가 에너지를 연속적으로 방출할 수 없음을 알게 되면서였다. 그것은 아주 새로운 생각에 의한 것이었다. 당시 에너지 전달은 정원용 호스에서 물이 흘러나올 때처럼 이루어진다는 생각이 일반적이었다. 가령 타일난로는 마치 호스에서 물이 뿜어져 나올 때처럼 계속적인 흐름으로 열과 에너지를 방출한다고 생각했던 것이다. 그러나 플랑크는 이런 생각이 틀렸음을 보여주었다. 에너지는 계속적으로가 아니라, 작은 팩(작은 꾸러미)으로 전달된다고 보아야 비로소 그가 고심했던 문제들을 해결할 수 있었다.

이 에너지 꾸러미는 양자라 일컬어졌다(양자역학의 탄생과 위에 소개한 현상에 대해서는 7부에서 더 자세히 살펴보도록 하자). 에너지는 계속적으로 뿜어져 나오는 것이 아니라 '한 방울 한 방울' 방울져서 전달되는 것이 틀림없었다. 물리학자들은 이런 생각에서 출발하여 원자와 소립자에 대한 새로운 이해를 전개해나갔다. 물론 알베르트 아인슈타인도 다시금 이와 함께했다. 아인슈타인은 1905년에 발표한 천부적인 논문 중 하나를 통해, 빛은 지금까지 생각했던 것처럼 파동일 뿐 아니라 각각의 입자 즉 광자의 흐름으로도 볼 수 있다고 설명했다. 아인슈타인은 이 연구로 노벨상을 받았고, 소위 '파동—입자 이중성'은 그때부터 오늘날까지 사람들(물리학자들을 포함)을 헷갈리게 하고 있다.

많은 실험을 통해 빛은 때로는 파동처럼, 때로는 입자의 흐름처럼 행동한다는 것이 확실히 드러났다. 뿐만 아니라 지금까지 미세한 구형태의 것으로 상상해왔던 전자, 양성자, 중성자 같은 물질의 구성요소들 역시 상황에 따라 파동으로 행동하는 것으로 보였다. 이런 믿기지 않는 결과는 물리학 전체를 뒤집어놓았다. 이전까지의 고전 물리학에서는 가령 전자가 어디에 있는지를 정확히 말하는 것이 원칙적으로 늘 가능했다. 그러나 양자역학에서는 그것이 더 이상 가능하지 않았다. 파동—입자 이중성 덕분에 전자를 더 이상 단순한 입자로 볼 수 없게 되었으니 말이다. 전자가 파동처럼 행동할 수 있다면, 정확한 장소를 말하는 것은 더 이상 가능하지 않았다. 파동은 연장될 수 있고 동시에 여러 곳에 존재할 수 있기 때문이다. 전자를 특정 장소에서 발견할 확률만이 존재하는 것이었다. 양자물리학자들은 이를 '확률 파동'이라 부르는데, 이것이 대체 무엇인지는 구체적으로 상상하려고 하지 않는 것이 좋을 것이다.

너무 차가운 태양

이 모든 것이 굉장히 환상적이며 진정한 과학처럼 들리지 않는다고? 그럴지라도 양자역학은 실험적으로 잘 증명된 이론이다. 실제로 어떤 전자가 어느 정도의 확률로 여러 장소에 있을 수 있는지는 아주 정확히 계산할 수 있다. 그러고 나서 구체적인 측정을 하면 전자는 정말로 한번은 이곳에, 한번은 저곳에 있지만, 결국은 늘 정확히 이미 계산된 확률로 찾던 장소에서 발견된다. 양자역학 외에 다른 어떤 이론도 이렇게 정확한 예측을 가능케 하지 않는다. 또 양자역학이 없었다면 우리의 일상에서 무수한 물건들—가령 컴퓨터 같은—이 존재하지 않았을 것이다. 그러나 당시 이 이론은 물리학자들에게 아직 새로웠고, 그만큼 흥미로웠다. 계속해서 마이크로 세계의 새로운 특성들이 발견되었다. 어떤 특성은 다른 특성보다 더 이상한 것들이었으며 대부분은 우리가 일상에서 알고 있는 것과 전혀 맞지 않는 것들이었다. '터널효과'라는 것도 그중 하나로, 양자역학에서 한 입자가 더 이상 확실한 장소를 갖지 않는다는 사실에서 비롯되는 간접적인 결과다.

공 하나를 벽을 향해 던진다고 가정해보자. 공은 벽과 충돌한 뒤 다시 튀어나올 것이다. 그러나 양자역학의 마이크로 세계에서 이런 놀이를 하면, 그 결과는 그리 확실하지 않을 것이다. 그 세계에서 공은 공일 뿐만 아니라 파동(물결)일 것이다. '공-물결'은 더 이상 정확히 규정된 장소를 갖지 않으며, 원칙적으로 파동은 무한하게 연장될 수 있으므로 모든 곳에 존재할 수 있다. 담 뒤에도 있을 수 있다. 즉 실험을 통해 작지만 어느 정도의 확률로 담 앞 대신 담 뒤에서 양자 공을 발견할 수 있는 것이다. 단순히 말해 양자역학은, 내가 공을 충분히 자주 벽 쪽으로 던지다 보면 언젠가 공이 되튀어 날아오지 않고 벽을 뚫고 지나가 다른 쪽에서 나타나게 된다고 알려준다.[7] 이런 터널효과는 약간 말도 안 되는 것처럼 들리지만, 현실에서 실제로 일어나는 일이다. 태양이 빛을 발하는 이유도 바로 이것으로 설명할 수 있다.

물리학자 조지 가모프George Gamow가 1928년 터널효과를 발견한 뒤 오래지 않아 학자들은 그들이 그 이론으로 너무 '차가운' 태양의 문제를 풀 수 있게 되리라는 것을 깨달았다. 원자핵들이 정전기적 척력을 극복할 만큼 빠르지 않다면, 단순히 속임수를 쓰면 되지 않을까? 공을 계속 벽에 던지다 보면 어느 순간 결국 벽을 뚫고 가는 일이 있는 것처럼, 원자핵도 단지 충분히 자주 서로 부딪히기만 하면 되는게 아닐까? 그러면 어느 순간 터널효과가 정전기 에어백을 무력하게 만들어 척력의 장애물을 뚫고 원자핵은 융합될 수 있지 않을까? 이미 말했듯이 그런 일이 일어날 확률은 적다. 그러나 아주 많은 입자들이 있으면 아주 적은 확률이라도 충분할 것이다. 일요일마다 몇십억 장의 로또를 산다면, 매번 번호를 맞출 수 있을 것이다. 마찬

---

7 그러나 진짜 공 같은 커다란 물체의 경우 이런 일이 있을 확률은 희박하다. 몇십억 년 동안 벽을 향해 공을 던져보아도 터널효과를 목격하지는 못할 것이다. 양자역학의 효과는 원자핵과 소립자 같은 미세한 대상에서만 나타난다.

가지로 어마어마한 횟수의 충돌이 일어나기만 한다면, 그중 몇몇에서는 터널효과가 나타날 것이다. 그리고 태양은 어마어마하게 크기 때문에 원자핵이 충돌하기에는 부족하지 않을 것이다.

1929년에 물리학자 프리츠 후터만스Fritz Houtermans와 로버트 애트킨슨Robert d'Escourt Atkinson은 터널효과를 고려하여 태양의 온도 정도면 에너지 방출을 설명하기에 충분하다는 것을 계산해 보였다. 드디어 수수께끼가 풀린 것이다!

그랬다. 최소한 거의 풀렸다 해도 무리가 아니었다. 이제는 수소가 헬륨으로 융합되는 것이 정확히 어떻게 진행되는지만 밝혀내면 되었다. 실로 터널효과 덕분에 전에 생각했던 것보다 더 많은 수소핵이 충돌해서 융합할 수 있다는 것은 알게 되었다. 두 개의 양성자(수소원자의 핵은 다름 아닌 양성자 한 개로 되어 있다)가 서로 융합되면 무엇을 얻을까? 그렇다. 양성자 두 개로 구성된 원자핵을 얻는다. 이 또한 맞아들어가는 것 같다. 헬륨핵은 양성자 두 개로 구성되니까.

그런데 헬륨핵에는 양성자 두 개 외에도 중성자 두 개가 더 있다. 양성자 두 개만으로는 헬륨의 동위원소밖에 얻지 못한다. 그것은 '헬륨-2'라는 동위원소가 될 것이다. 엄밀히 말해 헬륨-2는 존재할 수 없는 원소라고 할 수 있다. 그것은 매우 불안정하며 곧장 두 개의 양성자로 분열하기 때문이다. 따라서 우리는 다시금 처음으로 돌아가야 했고, 터널효과라는 멋진 트릭은 소용이 없었다. 그러나 우리는 뭔가를 잊고 있었다. 바로 자연에 존재하는 네 번째 기본 힘basic force 말이다!

자연에 존재하는 네 번째 힘

지금까지 태양에너지의 수수께끼를 푸는 과정에서 우리는 이미 자연에 존재하는 기본 힘 세 가지를 만났다. 처음에 만났던 것은 중력이었다. 중력은 약 45억 년 전에 커다란 가스구름이 뭉쳐져서 태양이 생겨나도록 했고, 높은 압력 덕분에 태양의 중심은 핵융합이 가능할 만큼 뜨거워졌다. 우리는 전자기력도 만났다. 수수께끼의 대상인 햇빛과 열은 다름 아닌 전자기파이기 때문이다. 그 뒤에 문제를 푸는 과정에서도 전자기력이 우리를 가로막았다고 할 수 있다. 전자기력은 원자핵이 서로 밀쳐내고 서로 융합하지 못하도록 하기 때문이다.

터널효과는 출구를 마련해주었다. 그리고 입자들이 충분히 가깝게 만날 때 세 번째 기본 힘, 즉 '강한 핵력'은 입자들이 다시 서로 분열되지 않게 해준다는 것을 살펴보았다. 그러나 때로는 분열이 일어나고, 이런 입자의 붕괴를 '방사성'이라고 한다는 것도 알게 되었다. 입자가 붕괴되는 것은 우주의 모든 것을 규정하는 네 개의 기본적인 힘 중 마지막 것, 즉 '약한 핵력(약한 상호작용)' 때문이다. 약한 핵력은 원자핵을 분열하게 할 수 있다. 그러나 약한 핵력은 1939년 물리학자 한스 베테Hans Bethe가 발견했듯이 우리의 문제를 해결해주기도 한다.

약한 핵력은 양성자를 중성자로 변환시킬 수 있다. 이것은 '베타 붕괴'라고 부르는 과정으로, 방사성의 특별한 형태다. 한스 베테는 양성자 두 개가 융합할 때 양성자 두 개 중 하나가 중성자로 붕괴한다면 어떻게 될까에 대해 숙고했다. 그렇다면 새로 생겨난 원자핵은 양성자 두 개로 구성되지 않고 양성자 한 개, 중성자 한 개로 구성될 것이다. 그러나 양성자를 한 개만 지니는 그것은 헬륨이 아니다. 헬륨핵에는 양성자가 두 개 있어야 하기 때문이다. 여기서 만들어진 것은 수소의 동위원소인 중수소, 듀테륨Deuterium이다. 원래는 헬륨이 생겨나기를 바랐을지라도, 화를 내지는 말라. 헬륨-2와 달리 중수소는 안정된 원소라서, 그것으로 뭔가를 시작할 수 있을 것이기 때문이다.

정말로 그렇다. 중수소는 양성자 하나를 더 합칠 수 있다. 그러면 양성자 두 개와 중성자 하나로 이루어진 원자핵이 생겨난다. 그리하여 이제 우리는 드디어 헬륨에 도달하지만 이는 또다시 헬륨의 동위원소다. 바로 헬륨-3이다. 그러나 이것은 안정되어 있다. 그리고 충분히 —한 100만 년 정도— 기다리기만 하면 헬륨-3 핵 두 개가 충돌한다. 그러면 양성자 여섯 개와 중성자 두 개로부터 양성자 두 개와 중성자 두 개를 가진 원자핵이 생겨난다. 이것이 바로 우리가 그렇게 오랫동안 학수고대했던 '보통' 헬륨이다.

그러면 거기서 양성자 두 개, 따라서 두 개의 수소원자핵이 남고 융합은 다시금 시작될 수 있다.[8] 이때 아주 적은 양이지만 에너지가 방출된다! 100g의 초콜릿 안에 들어 있는 에너지(500kcal)를 생산하기 위해서는 그런 충돌이 약 10경 개 일어나야 할 것이다. 다행히도 태양은 어마어마하게 크다. 따라서 태양 안에서는 무수한 충돌이 일어나 충분한 에너지를 낸다.

그런데 한스 베테가 이런 '양성자-양성자 반응'을 발견하기 전에 그는 수소로부터 헬륨이 될 수 있는 또 다른 길을 발견한 바 있었다. 물리학자 칼 프리드리히 폰 바이체커Carl Friedrich von Weizsäcker(전 독일 연방대통령 리하르트 폰 바이체커의 형)도 이 발견에 참여했기에 이를 오늘날 '베테-바이체커 주기'라고 부른다. 이것은 양성자-양성자 반응보다는 더 복잡하다. 무엇보다 여기서는 수소만이 재료가 되지 않는다. 오늘날 이런 조건은 문제가 되지 않는다. 태양과 같은 별들에는 애초부터 수소뿐 아니라, 다른 원소들도 소량씩 포함되어 있기 때문이다. 그러나 빅뱅 후에 생겨난 최초의 별들은 수소와 약간의 헬륨으로만 스스로를 유지해나가야 했을 것이다. 당시에는 없는 것이 많았다. 수소, 헬륨(그리고 아주 소량의 리튬)이 빅뱅 직후 생성된 원소의 전부였다. 우리의 흙이나 인간을 이루는 더 무거운 원소들은 비로소 나중에 첫 번째 별들의 내부에서 생성되었고, 별들이 죽고 난

---

8 태양 안에서 일어나는 충돌의 90퍼센트는 이런 방식으로 진행된다. 소량의 충돌만이 다르게 진행되는데, 그런 경우 헬륨-3 핵 두 개가 직접 융합되는 대신 베릴륨이나 리튬 같은 원소를 촉매제로 하여, 여러 단계를 거쳐 보통의 헬륨이 탄생한다. 우리 태양보다 더 온도가 높은 별들에서는 이런 식의 반응이 더 자주 일어난다.

뒤에 우주에 확산되었다. 정확히 어떻게 그렇게 되었는지는 5부에서 살펴보도록 하자.

생명체를 지켜주는 충돌

지금으로서는 우리의 태양이 이런 초기 별들에 속하지 않아서 생성될 때부터 이미 다양한 원소들을 어느 정도 가지고 있었다는 것을 아는 것으로 충분하다. 탄소, 산소, 질소도 그 다양한 원소에 속한다. 탄소, 산소, 질소는 우리에게 매우 중요한 원소들이다. 탄소는 화학의 기본을 이루는 원소로 우리가 살아 있는 것은 탄소 덕분이다. 그리고 대기의 주된 구성 성분인 산소와 질소가 없이는 우리가 호흡하기가 불가능했을 것이다. 그런데 이 세 원소가 태양의 융합 메커니즘에도 중요한 역할을 했을 수 있다.

폰 바이체커와 베테는 수소가 헬륨이 되는 방법을 설명해줄 수 있는 일련의 반응을 발견했다. 이는 직접적인 양성자-양성자 반응보다는 약간 복잡하지만, 마찬가지로 기능한다. 모든 것은 수소핵과 탄소핵이 충돌하면서 시작된다. 그들은 충돌하여 질소로 융합된다. 질소는 금방 다시 분열하여 탄소가 된다. 그러나 이번에는 처음의 탄소와 다른 탄소 동위원소가 된다. 이 탄소 동위원소는 다시금 수소핵 하나를 낚아채 다시 한 번 질소가 된다. 이 질소 역시 처음의 질소와는 다른 질소의 동위원소다. 이 동위원소는 이제 안정되어 있고, 또 하나의 수소핵과 충돌하여 산소핵이 되며, 산소핵은 다시금 분열하여 질소가 생성된다. 그러나 이 역시 세 번째 버전의 동위원소다. 이 질소 동위원소는 이제 비시믹 수소핵과 8 밀리에 그다시 다시금 맨 처음의 탄소핵과 그 외 헬륨핵 한 개를 탄생시킨다! 따라서 산소, 질소, 탄소의 도움으로 이런 복잡한 길에서 수소가 헬륨이 된 것이다. 물론 여기서도 에너지가 방출되었다. 방출된 에너지는 양성자-양성자 반응에서보다는 아주 조금 적다.

이제 우리의 태양에서는 어떤 일이 일어나는 것일까? 수소가 헬륨이 되는 것만은 확실하다. 그렇다면 어떤 과정을 활용할까? 단순한 양성자-양성자 반응을 활용할까, 복잡한 베테-바이체커 주기를 활용할까? 그것은 별의 특성에 달려 있다. 내부 온도, 질량, 밀도, 몇몇 다른 변수 등 말이다. 1950년대에야 비로소 태양의 그런 특성들이 정확히 측정될 수 있었고, 태양이 어떤 메커니즘을 활용하는지 대답할 수 있었다. 그리하여 태양에너지의 1.3퍼센트만이 베테-바이체커 주기로 만들어지고, 대부분은 양성자-양성자 반응으로 만들어지는 것으로 밝혀졌다.

태양이 우리를 살아 있게 하는 에너지를 어떻게 만들어내는지 정확히 알게 된 것은 이렇게 약 60년 전의 일이다. 우리의 세계에 대한 그런 기본적인 것을 규명하는 데 그렇게 오랜 세월이 걸렸다는 사실이 놀랍다. 하지만 인내는 보람이 있었고 커다란 수수께끼는 드디어 풀렸다. 수천 년 전 고대 그리스에서 이런 수수께끼에 대해 소심한 첫 발자국을 뗀 이래, 많은 세월이 흘러 몇십 년 전에야 비로소 우리는 대답을 찾았다. 태양 내부에서 미세한 입자들의 무수한 충돌은 초당 약 430톤의 수소를 파괴하고, 그로부터 인간들이 생명을 유지하는 데 필요한 에너지와 빛과 열을 만들어낸다. 그러나 햇빛만으로는 충분하지 않았을 것이다. 우리가 살 수 있으려면 우리가 안전하게 태양빛을 쬘 수 있는 알맞은 행성이 필요하다. 그런 행성이 존재하게 된 것 역시 충돌 덕분이다.

그런데 다음 장부터 들려줄 이야기는 더 이상 태양 내부에서 일어나는 것처럼 미세한 입자들의 충돌에 관한 것이 아니다. 이번에는 정말로 강력한 충돌이다.

2부

충돌하는 세계

테이아와 지구는 약 시속 1만 5000킬로미터의 속도로 충돌했다. 이 충돌에서 몸집이 더 작은 테이아는 완전히 파괴되었고 젊은 지구도 심하게 흔들렸으며 계속하여 녹아버렸다. 그리하여 테이아의 철로 된 무거운 행성핵은 지구로 가라앉아 지구의 철로 된 핵과 합쳐졌다. 테이아와 지구의 겉 표면에 있던 물질들은 우주로 튕겨져 나가 오늘날 토성에서 볼 수 있는 것과 비슷한 링을 이루었다. 그리고 다음 1만 년간 이런 파편은 새로운 천체로 뭉쳐졌다. 바로 달로 말이다!

젊은 태양, 젊은 별

행성은 중요하다. 우리가 지금까지 알고 있는 것에 따르면 생명은 단지 적절한 행성의 표면에서만 발달할 수 있다. 우리 인간들과 지구상의 모든 동식물들의 경우는 어쨌든 그렇다. 45억 년 전에 적절한 거리에서 태양을 공전하는 한 행성이 생겨났기에 우리가 존재할 수 있었다. 지표면은 너무 뜨겁지도 너무 차갑지도 않다. 즉 우리는 적절한 양의 태양열을 얻는다. 이런 열이 태양 내부에서 일어나는 충돌 덕분인 것처럼, 충돌이 없었다면 또한 우리의 지구도 없었을 것이다. 45억 년 전 태양계는 아주 위험한 장소였다. 툭하면 일어나는 것이 바로 충돌이었다.

처음에 오늘날 태양계가 있는 자리에는 아무것도 없었다. 태양도, 행성도 없었다. 먼지와 기체뿐이었다. 그러다가 어느 순간 성간 먼지 구름의 고요한 상태가 뒤흔들렸다. 근처에서 별이 폭발했던 것인지, 아니면 근처를 지나가던 별의 중력이 구름에 소요를 일으켰던 것인지 모른다. 아무튼 당시 무슨 일이 있었는지는 확실하지 않지만, 먼지와 가스가 균일하게 확산되어 있던 상태는 끝이 나고 여러 곳에서 먼지와 가스가 밀도 높게 뭉쳐졌다. 밀도가 높아진 덩어리는 더 커다란 인력을 발휘하여 더 많은 기체와 먼지를 자신에게로 끌어왔다. 그리하여 '중력 붕괴graviational collapse'라고 부르는 일이 시작되었다. 먼지 구름들은 안쪽으로 모여들었고, 덩어리들은 점점 커지고, 밀도가 높아지고, 마지막에는 구름이 아니라 미완성 상태의 젊은 별들이 남았다.

미행성에서 원시 행성으로

우리의 태양도 이에 속했다. 태양은 자신의 중력으로 인해 계속하여 중심으로 붕괴했고 어느 순간 1부에서 살펴보았던 것처럼 핵융합이 시작될 수 있을 만큼 뜨거워졌다. 이제 복사 방출에 의한 압력이 점점 커졌고, 별이 점점 뜨거워지면서 복사압은 어느 순간 전에 별들을 안쪽으로 붕괴하게 만든 중력을 거스를 정도로 커졌다. 복사압과 중력, 이 두 힘은 이제 균형을 이루고 태양은 안정이 되었다. 태양은 진짜 별이 되었다. 그러나 생성되는 동안 태양은 주변의 먼지들을 다 끌어오지는 않았다. 약간의 먼지가 남아 있었고 이런 먼지는 이제 커다란 원반으로 태양 주위를 둘렀다. 우리는 이미 다른 별들을 관측함으로써 그런 '원시 행성 원반'이 진짜 생성된다는 것을 알고 있다. 행성이 막 생성 중이거나 아직 먼지로 된 커다란 원반이 둘린 젊은 별들은 많이 발견되었다(사진 1 참고).

그런데 먼지는 유감스럽게도(책장 뒤나 침대 밑을 보면 누구나 쉽게 확인할 수 있듯이) 시간이 갈수록 더 큰 덩어리로 불어나는 멍청한 습관을 가지고 있다. 젊은 태양 주위를 두른 원반에서도 비슷 그런 일이 일어났다. 먼지 알갱이들은 충돌하여 서로 붙어 당겼고, 점점 커졌다. 그리하여 시간이 흘러 태양은 더 이상 먼지 원반에 둘려 있지 않고 무수한 작은 암석 덩어리들로 둘려 있게 되었다. 이런 암석 덩어리들을 천문학에서는 '미행성planetesimal'이라 부른다. 그러나 그 과정은 여기서 중단되지 않았다.

시간이 흐르면서 계속하여 암석 덩어리들이 서로 충돌하게 되고, 운동 속도와 충돌 각도에 따라서 암석 덩어리들은 산산조각 나거나 합쳐져서 더 커다란 덩어리가 되었다. 이런 덩어리들은 서서히 규모가 불어났다. 크기가 커지고 질량이 불어나면서 인력도 더 커졌다. 그리고 작은 암석 덩어리들을 점점 더 많이 끌어들여 더 빠르게 불어날 수 있었다. 어느 순간 '암석'이라는 표현은 더 이상 어울리지 않게 되었다. 이미 직경이 몇천 킬로미터가 된 천체는 '원시 행성protoplanet'[9]이라 불러야 마땅했다.

---

9 그리스어 'protos'는 '처음'이라는 뜻이다.

방랑하는 행성들은 어떻게 될까

태양에서 핵융합이 점화된 이래 1~200만 년이 흐른 시점! 여전히 크지 않은 많은 암석 덩어리들이 태양 주위를 돌고 있다. 원시 행성도 몇십 개 생겨났다. 그중 가장 큰 것들은 지체하지 않고 몸집을 불렸다. 질량이 아주 커져서, 달아나버리기 쉬운 가스 원자들을 붙잡을 수 있게 되었다. 그리하여 이제 수천 킬로미터 두께의 가스층을 가지게 되었다. 물론 크고 작은 원시 행성들은 태양 주위를 돌면서 계속하여 충돌했다. 젊은 태양계에서는 정말 많은 일이 일어났고 제자리를 잡지 못한 것들이 아주 많았다. 무엇보다 가스층을 가지고 있는 거대 원시 행성들은 모든 것을 뒤죽박죽으로 만들었다. 상대적으로 작은 원시 행성들이 거대 행성 가까이 다가오면 거대 행성의 중력으로 말미암아 운동 속도가 빨라지고, 높은 속도로 인해 태양계 밖으로 튕겨져 나가 '떠돌이 행성'이 되기도 했다.

이런 떠돌이 행성들은 계속하여 별에게 포섭당하지 않고 홀로 은하수를 배회한다. 우리의 은하수는 그런 떠돌이 행성들로 가득 차 있는 것으로 보인다. 천문학자들의 최신 관측에 따르면 우리 은하(은하수)의 떠돌이 행성은 무려 4000억 개에 이를 것으로 보인다. 어쨌든 떠돌이 행성 수가 우리 은하의 별 개수보다 두 배는 많을 것이라고 한다. 하지만 그것을 어떻게 알 수 있는 걸까? 어떻게 우주 속의 고독한 행성을 관측할 수 있는 걸까? 이들은 별빛을 받지 않는데 말이다. 천문학자들은 다른 방법으로 '본다'. 천문학자들은 망원경으로 별빛을 모으기 위해 거울과 유리렌즈를 활용할 뿐 아니라, '중력렌즈'도 사용한다.

중력렌즈효과는 아인슈타인이 일반상대성이론으로 주장한, 질량이 공간을 굽게 한다는 인식에 근거한 것이다. 빛이 공간을 통과할 때는 언제나 가장 짧은 길로 가기에, 커다란 질량은 광학렌즈(유리나 플라스틱으로 된 렌즈)처럼 작용할 수 있다. 즉 중력으로 인해 굽은 공간이 빛의 진로를 굽게 하는 것이다(7부에서 더 자세히 살펴보게 될 것이다). 아주 멀리 있는 별을 관찰한다고 할 때, 그 별은 사방으로 빛을 발하며 그중 특정 부분만이 지구에 도달한다. 그런데 이제 '렌즈', 즉 별과 우리 사이에 꽤 커다란 질량이 존재하면 보통 때는 지구에 도달하지 않을 광선이 그 중력장 때문에 휘어져서 지구에 도달하게 된다. 이는 망원경에서 그 별의 밝기가 증가하는 것으로 감지할 수 있다.

행성을 찾을 때 학자들은 가능하면 많은 별을 관측하고 그의 밝기를 측정한다. 이때 우연히 떠돌이 행성이 별 앞을 지나가면, 별의 밝기가 특징적으로 증가했다가 다시금 감소한다. 학자들[10]은 이런 방법으로 하늘을 수색하여 떠돌이 행성 열 개를 발견했다. 그런데 학자들은 하늘의 아주 작은 부분만을 수색했고 그들이 활용한 도구의 민감도가 별과 별 사이의 떠돌이 행성 중에서 가장 커다란 것만을 감지할 수 있는 수준이었음을 감안하면 우리 은하 전체적으로 자유롭게 떠돌아 다니는 행성이 약 4000억 개에 이를 것으로 전망된다.

그렇다고 이런 떠돌이 행성들이 지구에게 살금살금 다가와 갑자기 지구와 충돌할까봐 두려워할 필요는 없다. 떠돌이 행성 4000억 개면 아주 많은 양이지만, 은하는 어마어마하게 크다(이에 대해서는 6부에서 더 살펴보도록 하겠다). 그래서 그들 모두에게는 충분한 자리가 있고 떠돌이 행성이 지구와 충돌할 확률은 아주 희박하다. 게다가 그런 일이 있다 해도 우리는 몇십 년 전에 그것을 알게 될 것이다. 그 행성을 이미 오래전에 관측할 수 있거나, 외부 태양계에 미치는 그의 중력을 감지할 수 있기 때문이다(이에 대해서는 4부에서 더 자세히 살펴보게 될 것이다).

승자가 된 여덟 개의 행성

행성이 생성될 때 많은 행성들이 태양계 밖으로 튕겨져 나갔다.

---

10 '미시 중력렌즈 프로젝트Microlensing Observations in Astrophysics Collaboration'와 '광학 중력렌즈 실험Optical Gravitational Lensing Experiment Collaboration'이라는 두 연구 그룹의 천문학자들을 말한다. 이들의 연구 결과는 2011년 5월 18일 〈네이처Nature〉 지에 'Unbound or Distant Planetary Mass Population Detected by Gravitational Microlensing'이라는 제목으로 실렸다.

그러나 때로는 작은 원시 행성이 거대 가스 행성 가까이에 가도 튕겨져 나가지 않고, 그 궤도만 약간 변화되는 일도 많았다. 그것이 꼭 너 좋은 것은 아니었다. 이런 새로운 궤도에서 —운이 약간 안 좋으면— 다른 원시 행성과 충돌할 수도 있었기 때문이다. 그 과정에서 많은 원시 행성이 파괴되었고, 수백만 년간의 끊임없는 충돌 후 마침내 여덟 개의 큰 행성이 승자로 드러났다. 물론 이들은 오늘날 우리가 알고 있는 행성들이다. 수성, 금성, 지구, 화성, 목성, 토성, 천왕성, 해왕성 말이다.

목성은 거대한 가스 행성의 대표적 본보기로, 태양계에서 가장 커다란 행성이다. 질량은 지구의 300배요, 직경은 약 14만 킬로미터에 이른다! 토성, 천왕성, 해왕성도 지구보다 훨씬 더 크며 두터운 가스층으로 둘려 있다. 반면 수성, 금성, 화성, 지구는 가스층이 없거나 아주 옅으며, 몸집도 더 작다. 원래 태양 주위를 둘렀던 암석 덩어리 모두가 행성의 재료로 사용되지는 않았다. 많은 암석 덩어리들은 원시 행성과 가까이 만남을 통해 태양으로부터 아주 멀리 튕겨져 나갔다. 그러나 많은 것들은 별 일 없이 오늘날에도 계속하여 몇십억 년 전처럼 궤도를 돌고 있다. 혜성과 소행성이 그것들이다. 우리는 앞으로 그들에 대해 더 자세히 알게 될 것이다.

달의 생성을 밝히기 위한 노력

행성들은 이제 들썩들썩했던 생성기를 넘겼다. 아니, 더 정확히 는 거의 넘겼다. 시간을 다시 한번 약간 돌려보자. 태양은 이미 몇백 만 년 동안 빛을 발했고 행성의 탄생은 마무리되었다. 그러나 당시 이미 천문학자들이 있었다면, 행성을 오늘날처럼 여덟 개라고 하지 는 않았을 것이다. 당시에는 원시 행성들이 더 많았고 때때로 서로 충돌했다. 직경이 각각 몇천 킬로미터에 이르는 두 천체가 충돌하는 것은 상상을 훨씬 초월하는 파괴력을 동반하는 사건이다. 그러나 그 런 어마어마한 충돌은 지구에 또 하나의 중요한 이웃을 탄생하게도 했다. 밤에 우리에게 아주 기분 좋은 정경을 선사해주는 것, 바로 달 이다.

그렇다. 나는 이미 달이 충돌을 통해 탄생했음을 발설했다. 그러 나 그것이 알려진 지는 그리 오래되지 않았다. 달의 유래는 지구, 태 양, 별의 유래와 마찬가지로 오랜 세월 수수께끼로 남아 있었다. 신 이 창조했다고 설명하면 간단하겠지만, 그렇지 않은 경우는 도무지 설명할 길이 없었다. 최초의 진지한 학문적 설명은 19세기 후반에야 등장했다. 그 설명은 다윈에게서 나왔다. 진화론으로 유명한 생물학자 찰스 다윈이 아니라, 그의 아들 조지 다윈George Darwin에게서 말이다.

다윈 가의 둘째 아이로 태어난 조지의 삶은 그리 쉽지 않았다. 아버지가 1859년에 '종의 기원'에 관한 혁명적인 논문을 발표했을 때 조지는 막 14세의 나이로 진화론을 둘러싼 소동, 학계 및 종교계의 열띤 논쟁 등을 목격했다. 그렇게 유명하고 훌륭한 학자를 아버지로 둔 처지는 역시 쉽지 않았을 것이다. 그러나 조지 다윈은 그런 환경에 흔들리지 않고 스스로도 유명하고 훌륭한 학자로 자리매김했다. 물론 생물학자는 아니었다. 그는 천문학에 더 매력을 느꼈다. 무엇보다 천체의 운동에 관심을 가졌다. 지구와 같은 행성이 태양과 같은 별을 돌 때, 두 천체와 가까운 거리에 제3의 천체가 있다면 어떤 일이 일어날까? 그것이 두 번째 행성으로서 태양 주위를 돌게 될까, 아니면 지구 중력의 영향을 받아서 위성이 될까?

세 천체가 서로에게 행사하는 중력적 영향에 관한 질문은 단순하게 들릴지도 모르지만, 당시 학자들은 이런 질문에 대한 해답을 찾기가 어려웠다(이에 대해서는 나중에 좀 더 살펴볼 것이다). 조지 다윈도 달과 지구가 서로에게 행사하는 영향에 관심을 가졌다. 달이 밀물과 썰물을 유발한다는 것은 이미 오래전에 알려져 있었다. 하루 두 번씩 해수면이 높아졌다 낮아졌다 하는데 그 이유는 달의 중력 때문이었다. 그러나 밀물과 썰물은 또 다른 효과를 가지고 있었다.

아버지 찰스 다윈은 몇백만 년의 세월에 걸쳐 진행되는 생물의 변화와 새로운 종의 탄생을 느리고 지속적인 자연의 과정을 통해 설명했었다. 그리고 이제 조지 다윈도 지구와 달의 변화와 달의 탄생을 밀물 및 썰물과 관련된 느린 변화로 설명할 수 있음을 깨달았다. 달은 인력으로 말미암아 대양에 두 번의 만조를 유발한다. 물이 높이 올라오는 것이다. 이런 만조는 대양을 통과하며 지구의 자전에 브레이크를 건다. 정도는 미미하지만(이를 통해 하루의 길이는 일 년에 약 16마이크로초씩 길어진다) 충분히 오랜 세월이 지나면 그 효과가 감지된다. 옛날에 지구는 하루가 24시간에 해당하는 오늘날보다 빠른 속도로 자전했다. 그러나 지구와 달의 회전 운동은 중력을 통해 연결되어 있다. 하여 전체 시스템상으로 회전 각운동량이 유지되기 위해 지구에 브레이크가 걸리면, 달은 지구로부터 멀어져 더 느린 속도로 지구를 돌아야 한다.

달은 이렇게 예전에는 지금보다 지구와 더 가까웠으며, 서서히 계속하여 지구로부터 멀어지고 있다(오늘날 우리는 달의 이런 운동을 아주 정확히 측정할 수 있는데, 달은 매년 약 4센티미터 정도 지구로부터 멀어진다). 조지 다윈은 머릿속에서 계속 과거로 거슬러 올라갔다. 지구는 점점 더 빨리 회전을 하고 달은 점점 더 지구에게 가까이 다가간다. 조지 다윈에 따르면 5700만 년 전에 지구와 달은 서로 닿을 정도로 가까웠다. 조지 다윈은 이로써 달이 어떻게 생성되었는지를 설명할 수 있다고 생각했다. 옛날에 지구는 더 뜨거웠다. 지구는 용해된 암석으로 이루어진 끈적끈적한 구였다. 그러나 빠른 속도로 자전을 하다 보니, 회전 운동을 통해 암석의 덩어리들이 떨어져 나왔다. 빠르게 커브를 도는 자동차 안이나 빠르게 도는 회전 목마에서 밖으로 밀쳐지는 느낌이 나는 것처럼, 빠르게 도는 지구에서 원심력을 통해 커다란 바윗덩어리가 분리되었다. 이 질량 덩어리는 그 뒤 점점 지구에서 멀어졌고, 지구와 지구에서 떨어져 나간 질량 덩어리는 모두 식었다. 그리고 떨어져 나간 질량 덩어리가 바로 우리의 달이 되었다.

오늘날 우리는 조지 다윈의 이론이 맞지 않는다는 것을 알고 있다. 그러나 다윈은 달의 생성을 이성적이고 학문적으로 설명한 최초의 학자였다. 조지 다윈은 1912년 사망하기까지 계속하여 밀물과 썰물, 태양계의 천체 등을 연구했다. 그는 명예를 얻고 기념패를 받았으며 심지어 영국의 왕립천문학회의 의장으로 지명되었다. 그리고 달의 진정한 유래는 다른 학자들이 풀어냈다.

살아남지 못한 명제

조지 다윈 이후에 이 수수께끼를 풀려고 애썼던 학자는 미국의 빛나는 천문학자 토마스 제퍼슨 잭슨 시Thomas Jefferson Jackson See였다. 잭슨 시는 1909년에 자신의 말마따나 '최대의 승리'를 구가했다. 그는 맹장염으로 인해 병원에 입원해 있었고, 원래 참석하려고 했던 천문학회에서는 행성의 생성에 관해 논한 그의 논문만이 낭독되었다. 그리고 그 논문은 세상을 놀라게 하는 것이었다! 최소한 잭슨 시 스스로는 그렇게 생각했다. 언론도 그의 명제에 대해 열광했다.

잭슨 시는 논문에서 망원경으로 하늘 곳곳에서 볼 수 있는 우주의 '안개(성운)'는 별들 사이에 있는 먼지와 가스로 된 커다란 구름들이며, 이런 구름들로부터 행성들이 탄생되었다고 주장했다. 단, 별들로부터 멀찌감치 떨어져 생성되었다가 나중에야 별들이 인력으로 행성들을 포획했다고 했다. 병원으로 자신을 방문한 언론인들에게 잭슨 시는 아무도 자신의 논지와 수학적 계산에서 오류를 발견할 수 없을 것이라고 말했다. 회의적인 학자들은 잭슨 시의 주장이 맞는지 테스트해보고 싶어 했다. 그러나 잭슨 시가 그 뒤 자신의 이론을 정리하여 〈천문학 소식Astronomical Journal〉에 발표했을 때 그 글에는 전혀 수학적 계산이 들어 있지 않았다.

천문학자들은 실망했다. 그러나 잭슨 시 자신은 언론의 관심을 받은 것에 아주 만족했고, 자신의 이론을 완성시키고자 서두르는 기색이 전혀 없었다. 잭슨 시는 오히려 전혀 다른 종류의 논문을 먼저 발표했는데, 그 논문에서 잭슨 시는 자신이 태양계에서 세 개의 새로운 행성을 발견했음을 알렸다. 모두 해왕성의 궤도 뒤쪽으로 위치해 있다는 것이었다(오늘날 우리가 알고 있다시피 그런 행성들은 존재하지 않는다).

그리고 나서 1910년, 잭슨 시는 드디어 완전한 이론을 발표했다. (그가 자비로 인쇄한) 책의 제목은 《우주 생성의 포획설The Capture Theory of Cosmical Evolution》이었고, 735페이지에 행성 생성에 대한 내용을 비롯한 다양한 주제들을 담고 있었다. 은하수 생성에 관한 이론, 별 생성에 관한 이론, 우주에서 생명의 확산에 관한 이론 외에 잭슨 시는 달 생성에 대해서도 발언했다! 행성들이 바깥쪽 안개에서 생겨나 나중에 태양에 의해 포획되었던 것과 마찬가지로, 달도 다른 행성들과 함께 태양에서 아주 멀리 떨어진 곳에서 생성된 다음 지구에 의해 포획되었다는 것이었다.

그러나 잭슨 시의 포획설은 관철될 수 없었다. 잭슨 시의 책은 흥미롭고 기발한 주장들로 가득했지만, 그중 대부분은 충분한 증명이 없는 순수 사색에 의한 것이었다. 세월이 흐르면서 잭슨 시는 점점 더 이상해져갔다. 그의 기본적인 가정부터가 이미 틀렸다는 것이 드러났다. '안개'는 즉 가스구름이 아니라, 대부분의 경우 수십억 개에 이르는 별들의 집단으로 상상할 수 없을 정도로 멀리 있는 것이었기 때문이다. 안개는 대부분 태양이 위치한 은하수와 같은 은하들이었다(그에 대해서는 6부에서 더 자세히 알게 될 것이다). 그러나 잭슨 시는 흔들리지 않았다. 점점 말이 안 되는 논문(부분적으로는 동료들의 것을 표절한 것이었다)을 썼고 학술지에서 싣기를 거부하자, 자비로 그것들을 출판했다. 그는 아인슈타인에 대해 반기를 들었고, 아인슈타인을 반박하고자 '새로운 에테르론'을 고안했다. 마지막에 그는 사이비 학술 순회강연을 다니며 자신의 이론—그는 이제 그 이론으로 우주의 모든 것을 설명할 수 있다고 믿었다—을 문외한들에게 설파했다.

조지 다윈과 잭슨 시는 달 생성에 대해 두 가지 흥미로운 명제를 제안했지만, 그 명제들은 살아남지 못했다. 다윈은 달을 우주로 던져버리기 위해 지구가 아주 빨리 돌았을 것이라고 했지만, 지구는 과거에 결코 그렇게 빨리 돌지 않았다. 과거의 지구 자전 속도는 오늘날에도 규정할 수 있다. 나무들이 모든 나이테를 보여주듯이, 바다 동물들(가령 조개들)의 석회질 골격은 매일 조금씩 자란다. 이런 고리의 두께는 무엇보다 바다의 밀물과 썰물에 달려 있고, 이제 그런 석회 골격 화석을 찾아내 고리를 세어보면 그 배열로부터 한 달의 길이와 한 달이 며칠로 이루어져 있었는지를 알 수 있다.[11] 이런 방식으로 4억 년 전에 일 년은 오늘날처럼 365일이 아니라, 약 400일이었음이 밝혀졌다!

과거에 지구는 정말로 더 빨리 돌았을 것이고, 특히 생성된 직후에는 가장 빨리 돌았을 것이다. 달이 생성된 이래 지구에는 중력으로 인해 지속적으로 브레이크가 걸리고 있다. 그러나 전 역사를 통틀어 지구는 조지 다윈의 이론이 말하고 있는 것처럼 그렇게 빨리 돌지는 않았다. 또 달이 지구와는 무관하게 생성되어 나중에 포획되었다는 잭슨 시의 주장은 이론적으로는 가능하지만 실현된 확률은 거의 없는 가설이다. 잭슨 시의 주장이 설득력을 얻으려면 달은 정확히 알맞은 속도로 정확히 적절한 장소로 날아와야 할 텐데 그럴 확률은 너무나 희박하여 불가능하다고 볼 수 있을 정도이다.

20세기가 흐르면서 달 생성에 대한 또 다른 제안들이 나왔다. 가령 칼 프리드리히 폰 바이체커—1부에서 이미 살펴보았던—는 지구와 달 모두 같은 '원시 안개'에서 탄생했다고 말했고, 발트 지방의 천

---

11 달이 지구를 공전하는 과정에서 한 달에 두 번 대조spring tide(약 15일마다 달이 삭 또는 망일 때 일어나는 조차가 가장 큰 조석)가 일어난다. 이때 석회질 골격이 더 많이 자라고 이를 통해 한 달이 며칠인지를 알 수 있다.

문학자 에른스트 외픽Ernst Öpik은 젊은 지구와 소행성의 잦은 충돌로 물질들이 우주로 떨어져 나가 그로부터 달이 형성되었을 것이라고 주측했다. 오스트리아에서 태어나 나중에 영국으로 이민한 천문학자 토마스 골드Thomas Gold는 1962년에 다시 한 번 토마스 제퍼슨 잭슨 시의 포획설을 구하고자 했다. 이미 '정상우주론(정상상태이론steady state theory이라고도 하며 빅뱅우주론을 반박하는 대안이다)을 공동으로 개발하여 유명해진 골드는 물론 지구가 달과 같은 커다란 덩어리를 간단히 포획하는 것은 극도로 힘들다고 보았다. 하지만 '작은 천체들을 모으는 일은 훨씬 더 쉽게 이루어질 테니, 지구는 커다란 달 대신에 많은 작은 달을 가지고 있었던 것이 아닐까'라는 의문을 가졌다.

그리하여 골드는 지구가 세월이 흐르면서 약 6~7개의 작은 덩어리들을 포획했다는 가설을 내놓았다. 그리고 나서 지구와 달 사이의 조수간만의 힘(조력)이 서서히 브레이크를 걸어 달이 서서히 지구로부터 멀어졌고, 그 과정에서 내부의 달이 외부의 달보다 더 빠르게 운동하다 보니, 어느 순간 충돌하여 커다란 달로 합쳐졌다는 것이다.

최대 열 개의 달을 가진 지구를 상상하는 것은 매력적이다. 그러나 골드의 이론에도 역시 중대한 문제가 있었다. 달이 그렇게 브레이크가 걸려서 서로 충돌하고 커다란 달이 형성될 수 있으려면 엄청난 시간이 걸린다. 또한 시간이 충분하다 해도, 태양계의 다른 행성들은 계속해서 작은 위성 여러 개를 거느리고 있는데 어찌하여 오로지 지구만이 이런 식으로 커다란 달을 갖게 되었는지도 골드의 이론으로는 설명할 수 없다. 골드의 모델이 맞다면, 각 행성은 커다란 위성 단 하나씩만을 가져야 한다. 그런데 그렇지 않다(목성과 토성만 해도 위성이 각각 60개가 넘는다). 이와 같이 그때까지 제안된 그 어느 이론도 관찰되는 달의 특성을 시원스레 설명해주지 못했다. 1975년에 공개된 아이디어가 비로소 그런 설명을 해줄 수 있었다.

두 개의 달

여러 가지가 불충분하긴 해도 1970년대 대부분의 학자들은 조지 다윈의 분리설 내지 그것을 수정한 버전들이 그래도 달 생성을 가장 잘 설명해주는 이론이라고 보았다. 그러나 행성들의 탄생 과정이 점점 더 잘 알려지고, 2부 첫 부분에서 기술했듯이 먼지 원반의 작은 암석 덩어리들이 적잖이 커다란 원시 행성으로 뭉쳐지던 단계가 있었음이 밝혀지자, 그렇다면 그중 두 개가 충돌하면 무슨 일이 있었을까를 생각하는 것은 자연스러웠다. 캐나다의 지질학자 레지널드 데일리Reginald Aldworth Daly는 이미 1946년에 달이 젊은 지구와 다른 원시 행성들 사이의 충돌로 생겨났다는 가설을 내놓았었다. 그러나 데일리의 논문은 계속 무시되었다. 당시 학계의 지배적인 분위기는 충돌을 뭔가를 탄생시킨 설명으로 삼는 것을 거부했다(그 이유에 대해서는 다음에 자세히 설명하겠다). 학자들은 그런 갑작스럽고 일회적인 사건들이 우주 역사에서 어떤 역할을 할 수 있으리라고 생각하지 않았다.

구 소련의 물리학자 빅터 사프로노프Victor Safronov가 1960년대에 앞서 말한 행성 생성 이론의 토대를 발표했을 때 비로소 행성 간의 충돌이 천문학자들의 관심권 안으로 강하게 밀고 들어왔다. 1975년에 미국의 윌리엄 하트먼William Hartmann과 도널드 데이비스Donald Davis는 충돌을 통해 달을 생성시킬 만큼 충분히 커다란 원시 행성들이 존재했을 가능성이 많다는 것을 컴퓨터 시뮬레이션으로 보여주었다. 지구가 더 작은 행성과 충돌했고, 정면으로가 아니라 스쳐 가면서 충돌했다면, 나중에 달이 생겨날 만큼의 충분한 물질들이 우주로 떨어져 나갈 수 있다는 것이었다. 그러나 데일리의 논문처럼 또한 하트먼과 데이비스의 논문도 처음에는 주목을 받지 못했다.

1984년에 이르자 상황은 변했다. 미국항공우주국NASA에 달 문제를 조언하는 휴스턴의 '달과 행성 연구소Lunar and Planetary Institute'가 컨퍼런스를 주재했는데, 컨퍼런스는 '달이 어떻게 생성되었는가'라는 주제로 1984년 10월 하와이에서 열렸다. 그곳에 모인 학자들은 3일 동안 여러 가설에 대해 의견을 나눈 후 마지막에 거의 모두가 충돌설의 타당성을 확신하게 되었다.

테이아와 지구의 충돌

그 뒤 몇 년간 충돌설은 좀 더 수정되고 보완되어, 오늘날 우리는 달 생성 당시에 있었던 일에 대하여 대략이나마 설명할 수 있다(아직 설명할 수 없는 문제들이 많을지라도 말이다). 그것은 다음과 같다. 약

45억 년 전에 가스와 먼지로 된 애초의 원반으로부터 많은 행성체들이 생겨났다. 그중 하나는 나중에 우리의 지구가 될 행성체였고, 또 하나는 오늘날 '테이아Theia'(그리스 신화에 나오는 12명의 티탄 가운데 하나의 이름을 딴 것이며, 테이아는 달의 여신 셀레네Selene의 어머니이기도 했다)라 불리는 다른 행성체로 크기가 화성만 했다. 테이아는 젊은 지구와 아주 가까이에 있었던 듯하다. 소위 라그랑주 점Lagrangian point[12]에 말이다.

라그랑주 점은 태양과 지구의 중력과 원심력이 서로 평형을 이루는 다섯 개의 특별한 지점을 말한다. 태양이나 지구의 중력에 의해 이끌리거나 멀어졌을 물질들은 이런 라그랑주 점에 모일 수 있다. 천체들은 이런 지점 중 두 곳에 아주 오랜 시간 체류할 수 있으며, 이런 두 안정된 지점은 지구 궤도 위에 위치한다. 하나는 지구 앞에, 하나는 그 뒤에 말이다(그림 1 참고). 행성들이 생성되는 동안 그곳에 충분한 질량이 모이면 작은 행성도 탄생할 수 있다. 그러나 이런 행성은 정확히 라그랑주 점에 머무르지 않고 계속하여 약간 각도를 벗어나 왕복운동을 하다가 지구에 가까이 다가올 수도 있다. 그리고 어느 순간 지구에 아주 가까워져서 지구의 인력이 우세하게 되면 드디어 올 것이 오게 된다. 어마어마한 충돌 말이다!

테이아와 지구는 약 시속 1만 5000킬로미터의 속도로 충돌했다.

---

12 18세기 최초로 이런 지점의 존재를 발견한 프랑스의 수학자 J.L. 라그랑주Joseph Louis Lagrange의 이름을 따서 명명하였다.

이 충돌에서 몸집이 더 작은 테이아는 완전히 파괴되었고 젊은 지구도 심하게 흔들렸으며 계속하여 녹아버렸다. 그리하여 테이아의 철로 된 무거운 행성핵은 지구로 가라앉아 지구의 철로 된 핵과 합쳐졌다. 테이아와 지구의 겉 표면에 있던 물질들은 우주로 튕겨져 나가 오늘날 토성에서 볼 수 있는 것과 비슷한 링을 이루었다. 그리고 다음 1만 년간 이런 파편은 새로운 천체로 뭉쳐졌다. 바로 달로 말이다!

베른대학교의 마틴 저지Martin Jutzi와 캘리포니아대학교의 에릭 애스퍼그Erik Asphaug는 컴퓨터 시뮬레이션 실험을 통해 달 역시 커다란 충돌을 겪었을지도 모른다는 것을 보여주었다. 테이아가 지구의 라그랑주 점에 있었던 것처럼 새로 생성된 달의 안정된 라그랑주 점에는 약 1200킬로미터 직경의 커다란 덩어리가 형성될 수 있었고, 다른 것과 달리 1만 년 이상을 그 궤도에 머물러 있을 수 있었다. 실험 결과에 따르면 지구는 7000만 년 동안 달을 두 개 가지고 있었던 것으로 보인다. 그러다 결국 이 둘이 충돌하여 오늘날 하늘에서 볼 수 있는 하나의 달을 이룬 것이다.

행성 간 충돌이
지구에 가져다준 이점

지구뿐 아니라 달 역시 젊은 태양계 안의 혼돈과 충돌 덕분에 생겨난 것이다. 그리고 당시 테이아와 지구가 충돌한 것은 우리에게 커다란 행운이었다. 달의 영향력이 없었다면 오늘날 지구의 모습은 상당히 달랐을 것이기 때문이다. '달의 영향'은 음력에 관해 떠도는 다양한 유언비어를 뜻하는 것이 아니다. 그런 '설'은 머리를 자르려고 하거나 꽃을 심으려고 할 때는 달이 언제 차고, 언제 이울지를 고려해야 한다고 말한다. 또한 보름달이 뜰 때는 잠을 잘 못 자는 사람이 많고 범죄가 더 많으며, 아이가 더 많이 태어난다고 한다. 그런 주장이 신빙성이 없다는 것은 쉽게 검증될 수 있다.

이런 생각들은 대부분 선택적인 지각이나 자기만족적 예언에 근거한 것이다. 어느 날 잠이 안 오는데 밖을 봤을 때 보름달이 떠 있으면 '아, 보름달이 떠 있어서 잠이 안 오는구나'라고 생각할 수 있다. 보름달이 뜬 날에 잠을 잘 자면 보름달이 떠 있다는 것은 전혀 눈에 띄지도 않는다. 정말로 그 상관관계를 검증해보고 싶은 사람은 몇 달간 수면 일지를 써서 언제 잠을 잘 잤고 언제 못 잤는지 기록해보면 될 것이다. 수면 일지를 달 주기와 비교하면 수면과 달 주기 사이에 전혀 상관관계가 없다는 것도 알 수 있을 것이다(달빛이 정말로 침실 창문으로 떨어져서 잠을 방해하는 경우는 빼고 말이다). 그런 상관관계가 있을 리 없다. 달은 언제나 똑같다. 달 주기는 다만 달에서 태양빛을 받는 면적이 많아졌다 적어졌다 하기 때문에 생기는 것이다. 그런데 달이 그런 미신을 낳는 것만은 아니다. 달은 정말로 지구에 많은 영향을 미친다.[13] 해수면을 주기적으로 올라가게 했다 내려가게 했다 하는 밀물과 썰물도 그렇지만, 더 중요한 것은 달이 지구의 자전축을 지금 상태로 안정되게 유지시키는 역할을 한다는 점이다.

달의 존재감

지구는 태양 주위를 일 년에 한 바퀴 돌 뿐 아니라, 하루 동안에 자신의 축을 중심으로 뱅그르르 팽이처럼 돈다. 지구가 태양 주위를 도는 면을 마룻바닥으로 생각하면, 지구 팽이는 그 위에서 수직으로 돌지 않고 약간 기울어진 상태에서 돈다(수직을 기준으로 약 23.5도 기울어져 있다). 이런 기울기는 매우 중요하다. 지구에 계절이 생기는 것도 이 기울기 때문이다. 지구가 기울어져 있기 때문에 늘 북반구나 남반구 중 하나가 태양 쪽으로 더 기울어져 있게 되는데, 가령 북반

---

13 반면 조력(조수 간만의 차로 나타나는 힘)이 인체에 끼치는 힘은 미미하다.

구가 태양 쪽으로 기울어져 있을 때에는 북반구가 여름이 된다. 태양 광선은 지표면에 더 수직에 가깝게 급경사로 비치게 되고, 태양에너 지가 더 작은 부분에 집중된다. 따라서 그 부분이 더 더워진다(그림 2 참고). 또한 이런 상태에서 태양은 하늘에 더 오래 보이게 되므로, 밤은 짧아지고 태양은 더 많은 시간 동안 땅을 덥힌다. 그 뒤 반년이 지나면 북반구는 태양으로부터 더 멀어지게 된다. 태양광선은 더 완 만한 경사로 지면에 비쳐 들게 되고 그 에너지는 더 커다란 부분에 퍼진다. 그러면 날씨는 추워지고 북반구는 겨울이 된다(남반구는 그와 반대가 된다).

지구 자전축의 기울기는 몇십억 년 전 이래로 계속하여 안정되어 있으며 거의 변하지 않았다. 그리하여 지구의 계절은 거의 동일하게 진행되고, 어느 정도 안정된 기후가 지구를 지배했다. 자전축이 왔 다 갔다 한다면 규칙적인 계절 변화도 없을 것이고, 안정된 기후도 없을 것이며, 고등 생물도 발달될 수 없었을 것이다. 따라서 우리는 자전축의 기울기가 언제나 동일한 것에 감사할 만하며 이 인사를 달 에게 전해야 할 것이다.

달은 인력으로 지구에서 밀물과 썰물을 유발할 뿐 아니라, 중력으 로 지구의 자전축을 고정시키고 자전축이 왔다 갔다 하는 것을 막아 주고 있는 것이다. 달이 없으면 어떻게 될 것인가를 컴퓨터 시뮬레 이션으로 연구해보니, 그 결과는 참으로 참혹했다. 장기적으로 지구 자전축의 기울기는 더 이상 안정되어 있을 수 없을 것이고, 많이 기 울었다 적게 기울었다 할 것으로 보였다. 이것이 기후에 미치는 영향은 참으로 가공할 만한 것이다.

그런 시뮬레이션을 화성을 대상으로도 시행한 적이 있다. 화성은 지구보다 몸집이 더 작지만, 그 밖의 특징은 지구와 상당히 비슷하다. 그러나 화성은 커다란 달을 가지고 있지 않고, 작은 바윗덩어리 두 개만이 화성을 돌고 있다. 화성의 위성 '포보스Phobos'와 '데이모스Deimos'는 화성이 언젠가 포획한 것으로 보이는 두 소행성에 불과하다. 직경이 얼마 되지도 않으며 화성에 이렇다 할 만한 영향을 끼치기에는 질량도 너무 작다. 시뮬레이션은 화성의 자전축이 수백만 년이 흐를 동안 실제로 왔다 갔다 할 수 있다는 것을 보여주었다. 전에는 화성에 강도 있고 바다도 있었던 것으로 보이지만, 오늘날에는 차가운 사막뿐인 것이 바로 이 때문인지도 모른다. 요컨대 우리의 달은 굉장히 아름다운 정경으로 로맨틱한 여름밤을 보내게 해주는 것만이 아니다. 달이 없으면 지구의 형편이 말이 아니게 될 정도다.

테이아와의 충돌 이후 지구는 가장 큰 고비를 넘겼지만, 여전히 위험이 없지는 않았다. 당시 커다란 원시 행성은 몇 개 안 되었지만, 직경이 2000킬로미터(왜행성인 명왕성과 비슷한 크기) 정도 되는 천체(미행성체)들은 아주 많았다. 그런 천체들은 테이아와의 충돌 후에도 지구와 충돌했을 가능성이 높다. 충돌이 없었다면 우리는 금을 가지고 있지도 않았을 것이다.

금—그 외 백금 같은 다른 귀금속들—은 소위 '철을 좋아하는' 원소에 속한다. 즉 철과 즐겨 결합하고 철이 있는 곳에서 발견된다. 수많은 충돌을 통해 행성이 생겨났을 때 그것은 딱딱한 암석 덩어리가 아니고, 액체 상태의 암석으로 된 뜨거운 구였다. 무거운 철—그리고 금—은 행성의 핵 속으로 가라앉았고 그곳에 머물렀다. 그리하여 오늘날 지구는 철로 된 핵을 가지고 있다. 지구의 핵은 달 크기만 하다. 지구의 겉껍질인 지각에 남아 있는 소량의 금은 원래는 테이아와의 충돌 후에 지구가 완전히 녹아버린 상태였을 때 핵 속으로 가라앉아야 했던 것들이다. 그러므로 오늘날 지각에서 금은 거의 발견되지 않아야 한다. 행성 생성에 관한 최신의 이론을 바탕으로 생각해보면, 금은 더 적게 발견되어야 마땅하다.

물론 금은 상대적으로 희귀하다. 그렇지 않았다면 그렇게 값이 나가지도 않았을 것이다. 그러나 지각에는 실제로 금이 상당히 많다. 왜일까? 천문학자 윌리엄 보트케William Bottke 팀은 2010년 행성 생성 과정을 상세히 시뮬레이션했고, 지구가 테이아 충돌 후 명왕성 크기의 천체들과 한 번 내지 여러 번 충돌했을 수 있음을 알아냈다. 그 천체들은 한편으로는 금을 비롯한 무거운 원소들을 핵 속에 축적해놓았을 정도로 큰 것들이었고, 다른 한편으로는 충돌 시에 지구를 완전히 녹여버리기에는 너무 작은 것들이었다. 그리하여 금은 지구의 핵 속으로 가라앉지 않고 지각에 모여 있게 되었다는 것이다. 오늘날 금이 발견되는 바로 그 장소에 말이다.

요컨대 태양계 초기의 커다란 행성 간 충돌은 아름다운 행성들을 선사해주고 우리가 지구에서 아주 이성적인 계절과 안정된 기후를 갖도록 했을 뿐 아니라, 화폐제도의 기초까지 마련해준 셈이다!

천체의 운동을
예측하는 것이 가능한가?

행성 간의 충돌 뒤 몇십억 년 동안은 훨씬 조용해졌다. 커다란 원시 행성들은 모두 없어졌고, 상대적으로 작은 소행성들만이 때로 지구를 방해했다(그에 대해서는 다음 3부에서 더 살펴보기로 하겠다). 그러나 위험은 완전히 사라졌는가? 남은 여덟 행성은 모두 안정된 궤도에 있는가? 행성 간의 충돌은 앞으로 정말 잊을 수 있는 것인가?

좋은 질문이다. 학자들은 오랫동안 그 질문에 대답하고자 해왔다. 처음엔 쉽게 대답할 수 있을 줄 알았다. 어쨌든 우리는 행성의 운동을 설명할 수 있는 자연 법칙을 알고 있으니까 말이다. 그동안 우리는 행성 운동과 관련된 법칙을 아주 잘 알게 되어서 수억 킬로미터 떨어진 먼 우주로 탐사선을 보내고, 종종 몇 년 후 정확히 다른 천체에 착륙하게도 한다. 이것은 이런 천체들이 어디에서 어떻게 움직이는지를 아주 정확히 알고 있을 때만이 가능하다. 천체들의 움직임을 알게 된 이상 행성들이 미래에 어느 순간에 서로 충돌하게 될 것인지 계산하는 것 역시 가능해야 할 것이다.

유감스럽게도 그것은 말처럼 그렇게 간단하지 않다. 천체가 두 개

뿐이라면 전혀 문제가 되지 않는다. 그럴 경우 어떻게 되는지는 17세기 요하네스 케플러Johannes Kepler가 유명한 케플러의 법칙을 정립한 이래 이미 알고 있다. 한 행성은 태양을 늘 타원 궤도로 돈다. 행성이 태양에 가까이에 있을수록 그 행성은 더 빨리 운동하고, 궤도가 클수록 공전 시간은 더 길어진다. 두 천체의 경우에는 이것이 영원히 적용된다. 아이작 뉴턴은 1687년에 케플러의 법칙에 관한 수학적 설명을 내놓았다. 뉴턴은 두 천체가 서로에게 행사하는 중력이 얼마나 큰지를 정확히 묘사할 수 있는 공식을 발견했다. 그 방정식은 완전히 정확하지는 않은 것이었다. 그 뒤 아인슈타인이 1915년 일반상대성이론으로 중력을 수학적으로 정리해냈고, 그로써 천체의 운동을 더 자세히 묘사할 수 있게 되었다.

그러나 뉴턴의 중력 법칙을 사용하건 아인슈타인의 이론을 사용하건 간에, 기본적인 문제는 변하지 않는다. 천체의 개수가 두 개를 넘어서자마자 아주 복잡해진다는 것이다! 태양과 지구만 있다고 가정할 때 중력 법칙은 이 두 천체가 서로 얼마나 강하게 끌어당길지 또 지구가 태양을 도는 궤도는 어떻게 될지 아주 정확히 말해준다. 시대를 초월해서 말이다. 이제 세 번째 천체를 개입시켜보자. 그러면 일은 더 이상 그리 명확해지지가 않는다. 태양과 지구, 그리고 화성이 있다고 생각해보자. 태양의 질량과 비교하면 지구도 화성도 무게가 아주 가볍다. 화성의 질량은 미미해서 우선 그것을 무시할 수 있을 정도다. 따라서 우리는 태양과 지구 사이의 힘이 얼마나 강한지를 계산하고. 그다음 태양과 화성 사이의 힘을 계산할 수 있다. 그러면 지구와 화성의 궤도를 구할 수 있는 것이다.

그런데 이런 계산을 통해 구한 답은 정확하지 않다. 지구와 화성도 서로 중력을 통해 영향을 준다는 것은 무시되기 때문이다. 물론 두 천체가 서로에게 끼치는 힘은 태양의 힘에 비하면 아주 작다. 그러나 그런 힘은 실재하고 그것을 통해 화성과 지구의 궤도가 조금 변화된다. 중력은 언제나 해당 천체들의 질량과 거리에 좌우된다. 그러므로 행성의 궤도가 변하게 되면 거리도 변한다. 이제 우리는 태양과 화성 사이, 태양과 지구 사이의 중력을 새로 계산해야 하고 그로부터 새로운 궤도를 얻는다. 하지만 그러면 화성과 지구 사이의 힘도 다시 계산해야 한다는 소리다. 그러고 나면 태양의 영향도 다시 계산해야 하고, 또 다시……. 이런 식으로는 결코 끝을 낼 수가 없고 결코 확실한 답을 얻을 수가 없다. 어떻게 하면 제대로 된 답을 구할 수 있을까?

학자들은 두 천체 이상이 개입하는 이런 복잡한 수학적 상호작용과 상호적인 중력의 영향을 어떻게 계산해야 할지 도무지 알 수 없었다. 이를 계산할 수 있을지조차 알 수 없었다. 짧은 기간을 위해서라면 이런 여러 가지 근사값으로 잘해나갈 수 있었다. 천체들이 다음 10년 혹은 100년간 어떻게 움직일 것인가 하는 것만을 알고자 한다면, 문제없이 전체의 복잡한 상호작용을 무시하고 가장 중요하고 가장 강한 힘만을 고려할 수도 있었다. 그러나 장기간의 운동에 대해 알고자 한다면 이런 식의 계산은 더 이상 적절하지 않았다. 수만 년 혹은 수백만 년 앞서서 행성들이 어떻게 움직일지를 알고자 한다면,

작은 효과들을 더 이상 무시할 수 없다. 그런 시간에는 미미한 차이가 모여서 커다란 차이를 빚기 때문이다.

아무도 풀 수 없는 문제에 대한 수학적인 증명

수학자들과 천문학자들은 오랜 세월 이 문제를 풀기 위해 머리를 싸맸으나 유감스럽게도 성과가 없었다. 그러다 19세기 말에 전환점이 왔다. 1889년 스웨덴의 국왕 오스카 2세는 자신의 60세 생일을 맞이했는데, 왕이 학문 애호가였던지라 자신의 생일을 기념하여 수학 경시대회를 개최했다. 다섯 문제가 출제되었고 걸린 상금은 2500크로네였다(이는 당시 수학자의 네 달치 월급에 해당했다). 그중 한 문제는 이러했다.

"임의의 질량을 가진 여러 개의 입자가 뉴턴의 법칙에 따라 서로 인력을 주고받으며 운동하고 충돌을 일으키지 않는다고 가정할 때에, 각항이 시간에 대한 알려진 함수로 이루어지고 이 함수의 모든 값에 대하여 일양 수렴하는 멱급수의 형태로 각 입자들의 위치를 나타내는 식을 구하시오."

복잡하게 보이지만, 결국 '천체의 운동을 시대를 초월하여 계산하는 것이 가능한가'라는 말을 수학적으로 표현한 것이다. 이것이 까다로운 문제라는 것을 수학자들은 다 알았다. 그러므로 응모한 수학자가 몇 안 되는 것은 당연했다. 다섯 개의 논문만이 위원회에 제출되었는데, 그중 하나는 158페이지짜리로, 프랑스의 수학자 앙리 푸앵카레Jules-Henri Poincaré가 작성한 것이었다. 푸앵카레는 당시 33세였고 이미 훌륭한 수학자로 알려져 있었다. 그러나 푸앵카레도 그 문제를 제시된 그대로는 풀어내지 못했다. 문제는 임의의 많은 천체의 운동을 어떻게 계산할 수 있는지를 알아내는 것이었는데, 그는 세 개의 천체에 국한하여 문제를 해결했다. 그러나 푸앵카레는 자신의 논문으로 임의의 천체 운동에 대한 해를 발견하는 것이 가능하다는 것을 보여주었다고 생각했다.

심사위원들은 푸앵카레의 논문을 심사했고, 아직 많은 것들이 미심쩍었지만 결국 푸앵카레에게 상을 수여하기로 결정했다. 상을 받은 논문은 수학 전문 학술지 〈수학 동향Acta Mathematica〉에 실렸다. 그런데 이 학술지의 발행인인 스웨덴 수학자 라르스 프라그멘Lars Phragmen 역시 푸앵카레에게 몇 가지 의문을 가지고 있었다. 몇 가지 부차적인 것들이 확실하지 않아 보였기 때문이다. 푸앵카레는 그것을 더 정확히 설명해야 했다. 그런데 프라그멘의 질문에 어떻게 하면 잘 대답할 수 있을지를 생각하던 와중에 푸앵카레는 자신의 실수를 발견했다. 푸앵카레가 도출한 결과는 틀린 것이었고, 따라서 그의 논문은 전면적으로 수정해야 하는 것이었다.

푸앵카레는 위원회에 연락하여 상을 다시 철회하겠다고 했다. 하지만 심사위원장인 괴스타 미탁 레플러Goesta Mittag-Leffler는 그 말을

듣지 않았다. 상을 철회하면 푸앵카레의 명예만 실추되는 것이 아니라, 심사위원회와 〈수학 동향〉 지의 명예, 그리고 자신의 명성까지 흔들리게 될 것이었다. 그리하여 미탁 레플러는 푸앵카레에게 논문을 수정한 뒤 자비로 그 논문을 인쇄하여 배포하라고 요청했다. 그리고 그동안 자신은 유럽의 선도적인 수학자들에게 배포되었던 이전의 오류가 있던 논문을 다시 거두어들이겠다고 했다.

푸앵카레는 이에 동의했다. 수정된 논문의 인쇄 비용이 받은 상금보다 더 많았지만, 그의 노력은 가치가 있었다. 수정된 논문의 결과는 혁명적인 것이었기 때문이다! 일단 그 논문은 첫 번째 버전과는 완전히 달랐다. 첫 번째 버전에서 푸앵카레는 자신이 문제를 풀 수 있으며, 시대를 초월하여 세 천체의 위치를 진술할 수 있다고 주장했다. 반면 새로운 버전에서 푸앵카레는 그 문제를 풀 수 없다고 말했고, 아무도 그 문제를 풀 수 없다는 것을 수학적으로 증명해 보였다. 그 문제는 원칙적으로 풀 수 없다는 말이었다! 시대를 초월하여 천체의 정확한 운동을 예측한다는 것은 한마디로 불가능하다. 그러나 푸앵카레는 그런 예측이 불가능함을 보여주었을 뿐 아니라, 왜 불가능한지를 설명할 수 있었다. 오늘날 '카오스이론'[14]이라고 알려진 이론의 초석을 놓았던 것이다.

---

14 사실 '카오스이론'이라는 말은 부적합한 용어다. 상대성이론이나 양자이론과 달리 카오스이론은 상세하고 일관된 이론이 아니라, 다양한 수학적 진술을 모아놓은 것이기 때문이다.

카오스 체계

많은 체계는 아주 복잡해서 장기적으로 행동을 예측하기가 불가능하다. 출발 상태가 조금만 변해도 마지막에는 완전히 다른 행동이 도출될 수 있다. 어떤 시스템은 매우 튼튼해서 여러 변화의 영향을 받지 않는다. 가령 공 하나를 위성 방송 수신 안테나와 비슷한 둥그런 용기에 던진다고 가정해보자. 여기서는 공이 무겁든 가볍든, 공을 위에서 던지든 아래에서 던지든 상관이 없다. 공은 일단 용기 속에서 이리저리 구르다가 정 중앙의 가장 깊숙한 곳에 정지하게 될 것이다. 그러나 우리가 둥그런 용기를 빙빙 돌리거나 그 용기의 중간 부분에 불룩하게 솟은 부분이 있거나 하면 공의 행동은 변한다. 이제 우리는 어떤 일이 있을지 더 이상 예측할 수 없다. 공은 왼쪽으로 굴러 내려갈 수도 있고, 오른쪽으로 굴러 내려갈 수도 있다. 위쪽에 머물러 있을지도 모른다. 결과는 많은 변수에 따라 달라진다. 그 변수들은 서로 영향을 미치므로 우리의 시도는 매번 다르게 끝날 것이다. 이것이 바로 카오스 체계다. 푸앵카레는 정확히 이런 행동이 천체의 움직임을 미리 예측할 수 없는 이유임을 보여주었다. 우리의 태양계는 카오스 체계다!

천문학자들은 이미 천체의 궤도가 불변하는 것이 아님을 알고 있었다. 행성끼리 행사하는 중력 때문이다. 천체의 궤도는 어쩔 수 없이 변한다. 그러나 중요한 질문은 '이런 변화가 어느 정도 선에 머무를까, 아니면 임의로 커질 수 있을까?'라는 것이었다. 임의로 커질 수 있다면, 어느 순간 두 천체의 궤도가 아주 많이 변해서 서로 충돌할 수도 있을 것이다. 그런데 푸앵카레는 자신의 논문으로 궤도 변화의 크기에는 원칙적으로 한계가 없다는 것을 보여주었다. 행성 궤도는 얼마든지 강하게 변화할 수 있다는 것이다. 그러나 충돌이 가능하다고 해도 충돌이 오랫동안 일어나지 않고 있다는 것 또한 틀림없다.

두려워할 필요는 없다

어쨌든 우리 태양계의 여덟 개 행성은 40억 년 이상을 서로 충돌하지 않고 살아남았다. 수학적으로는 서로 충돌하는 게 가능할지라도 행성의 운동은 안정되어 있는 것처럼 보인다. 그렇다면 우리는 경계를 늦추어도 될까? 미래에 행성이 충돌할 것을 두려워할 필요가 없을까?

그렇다. 두려워할 필요가 없다. 최소한 다음 몇천 년 혹은 몇만 년에 해당하는 가까운 미래에 한해서는 말이다. 그러나 더 오랜 시간에 대해서는 아무것도 보장할 수 없다. 반대다. 컴퓨터 시뮬레이션도 보여주듯이 두 행성의 충돌은 얼마든지 가능한 이야기다. 푸앵카레는 우리가 행성 운동의 문제에 대해 수학적으로 정확한 해답을 찾을 수 없다는 것을 증명했다. 그러나 그것은 우리가 태양계의 모델들을 컴퓨터로 시뮬레이션할 수 없다는 의미는 아니다. 시뮬레이션은 문제없이 가능하다. 결과가 정확하지는 않다는 것만 염두에 두면 된다. 따라서 시뮬레이션의 특정한 결과는 미래에 대한 정확한 예측이 아니라, 우리의 태양계에서 이론적으로 모든 것이 가능함을 보여주는 예일 따름이다. 다양한 초기 상태를 가지고 시뮬레이션을 거듭하면 통계를 낼 수 있고, 최소한 어떤 결과가 개연성이 있고 어떤 것이 그렇지 않은지를 알아낼 수 있다.

프랑스의 천문학자 자크 라스카Jacque Laskar 팀은 2009년 바로 그에 관한 시뮬레이션을 실시했다. 태양계 행성들의 움직임에 대한 컴퓨터 시뮬레이션을 통해 다음 몇십억 년간 모든 천체들이 어떤 행동을 보일지를 관찰했던 것이다. 작은 방해도 장기적으로 축적되면 마지막에 엄청난 변화로 이어질 수 있다. 라스카 팀의 초기 논문들은 수성과 금성이 서로 충돌할 수 있음을 보여준 듯하다. 그러나 당시 사용했던 방법들은 오늘날 가능한 방법들만큼 성숙되지는 못했다. 많은 천문학자들은 라스카의 논문을 비판했고 그 결과들을 말도 안되는 것으로 여겼다. 그러나 최근 진행된 시뮬레이션의 결과도 비슷하게 나왔다. 역시 무엇보다 수성 쪽이 안 좋은 것으로 나타난다. 놀랄 일이 아니다. 수성은 가장 작은 행성이고 게다가 태양과 가장 가까이에 있어서, 가장 강한 영향을 받고 있으니 말이다. 컴퓨터 시뮬레이션[15]은 다시금 수성이 먼 미래에 금성과 충돌할 가능성이 있음을 보여주었다. 태양과도 충돌할 가능성이 있었다. 그러나 태양계에서 완전히 튕겨져 나갈 수도 있고, 아무 일 없을 수도 있다.

이러한 시뮬레이션은 미래에 대한 정확한 예측이 아님을 반복해서 강조하는 것이 중요하겠다. 시뮬레이션은 태양계에서 수성과 금성의 충돌이 원칙적으로 가능하다는 것만을 보여줄 따름이지, 그런 일이 정말로 일어난다고 이야기하는 것이 아니다. 라스카가 시뮬레이션에서 관찰했던 지구와 금성 간의 충돌, 지구와 화성 간의 충돌도 마찬가지다. 실제로 그렇게 될 확률은 아주 낮다. 라스카 팀이 수행한 2501가지의 다양한 시뮬레이션에서 각각 한 개씩만이 지구와 금성 혹은 지구와 화성이 충돌하는 것으로 나왔다. 그리고 20개의 경우에서만이 수성의 궤도가 강하게 변화해서 수성이 태양이나 금성과 충돌했다. 바깥쪽 행성들—목성, 토성, 천왕성, 해왕성—은 어쨌든 계속하여 오늘날의 자리에 머물렀다. 그러므로 이런 일이 35억 년 후의 먼 미래에 일어난다는 것을 차치하고 확률상으로 보아도 걱정할 이유가 없다. 태양계에서 행성들이 서로 다반사로 충돌했던 시대는 이미 지나갔다. 우리는 차라리 더 작은 천체들로 눈을 돌려야 할 것이다. 밖에서는 많은 작은 천체들이 이리저리 날아다니고, 간혹 지구로 떨어질 수 있기 때문이다.

---

15 이 시뮬레이션의 결과는 'Existence of collisional trajectories of Mercury, Mars and Venus with the Earth'라는 제목으로 2009년 6월 11일 〈네이처〉 지에 실렸다.

3부

지구로 떨어지는 물들

지구가 파란 것 역시 충돌과 관련이 있다. 태양계 생성 초기에는 훨씬 많은 미행성들이 주변을 날아다녔고 충돌도 훨씬 많았다. 그리고 많은 소행성과 혜성이 젊은 지구로 뛰어들 때마다 약간의 물을 가지고 들어왔다. 물은 천체 안에 얼어 있는 상태로 들어 있었다. 미행성과의 충돌로 얼마나 많은 물이 지구에 들어왔는지는 확실하지 않다. 그럼에도 학자들은 상당한 양일 거라는 데 의견을 함께한다. 지구에 있는 대부분의 물이 우주에서 온 것일 수도 있다. 말하자면 충돌이 지구를 파랗게 만들었고, 그로써 지구상에 생명이 살 수 있도록 만들었던 것이다.

우주 공간에서 날아오는 것

때때로 하늘에서 돌이 떨어진다는 것은 예로부터 알려져 있었다. 그러나 그 이유가 무엇인지, 그 돌들이 어디서 오는 것인지는 알지 못했다. 그리스 철학자 아리스토텔레스Aristoteles는 그 돌들이 폭풍우에 휩쓸려오는 것이라고 보았다. 그의 동료 아낙사고라스는 다른 생각을 가지고 있었고 상당한 어려움에 빠졌다.

아낙사고라스는 돌들이 정말로 하늘에서 내려올 뿐 아니라, 하늘 자체가 돌로 가득하다고 보았다. 저 위에 돌들이 마구 돌아다니는데 그 돌들은 직접 태양에서 나오는 것이라고 생각했다. 아낙사고라스는 태양도 뜨겁게 달구어진 돌이라고 보았다. 태양은 그리스 반도보다 더 큰 달구어진 돌이고 마구 회전하기 때문에, 때때로 태양에서 파편이 떨어져 나와 지구에 떨어진다고 했다. 아낙사고라스는 매우 똑똑한 사람이었고 그의 많은 생각들은 정확히 옳은 것들이었다. 아낙사고라스는 달이 스스로 빛을 내는 것이 아니라, 태양빛을 반사할 뿐임을 알아냈고, 일식도 달이 태양을 가리는 것이라고 정확히 인식했다.

그러나 지구에 떨어지는 돌들이 태양에서 떨어진 파편이라는 생각은 빗나간 것이었다. 기원전 467년에 그리스의 도시 아이고스포타모이Aegospotami에 커다란 운석이 떨어졌을 때 아낙사고라스는 그것이 자신의 명제를 입증해주는 증거라고 여겼다. 그전에 하늘에서 밝게 빛나는 혜성이 관찰되었고, 추락할 때에는 불에 타오르는 현상을 동반했기 때문이었다. 즉 불타는 돌이 지구에 떨어진 것이었고 따라서 그 돌은 하늘의 불타는 커다란 돌, 즉 태양에서 온 것일 수밖에 없었다.

문제는 아낙사고라스의 그런 생각이 그리스 신들에 대한 신성 모독으로 여겨졌고, 그로 인해 아낙사고라스가 사형 선고를 받게 되었다는 것이다. '빛나는 태양더러 무례하게 돌이라고? 태양은 그런 평범한 것일 수가 없어. 어쨌든 그것은 신들의 영역인 하늘에 있잖아!'라고 생각하는 사람이 대다수였다. 당시만 해도 태양, 달, 별, 행성 외에 하늘에는 아무것도 없다는 생각이 일반적이었다. 이들 사이의 공간은 신적인 물질인 에테르로 채워져 있을진대, 그곳을 돌 따위가 날아다니는 일은 있을 수 없는 것이었다.

그러나 이런 '신성 모독'은 오늘날 아낙사고라스의 가장 큰 업적으로 평가받는다. 하늘의 과정을 땅에서 알려진 과정으로 설명한 사람은 정말이지 아낙사고라스가 최초였다. 그는 태양이 빛과 열을 전달하는 것이 설명할 수 없고 신적인 일이 아니라고, 또한 지구에서 불이 있는 곳에 열과 빛이 있듯이 태양에서도 아주 평범하게 불이 타오르고 있다고 본 것이다. 그는 하늘에서 돌이 떨어지는 것도 천체가 지구처럼 돌로 되어 있기 때문이라고 보았다. 비록 태양에 관한 아낙사고라스의 생각이 틀렸을지라도, 그가 신을 끌어다대지 않은 채 우주를 설명하고자 했던 최초의 진정한 우주물리학자였던 것만은 사실이다. 아낙사고라스에 대한 사형 판결은 집행되지 않았지만, 이후 그는 추방되었다. 그 후로 이런 우스운 돌들이 어디서 연유하는지를 정말로 알게 되기까지는 상당히 많은 시간이 걸렸다.

하늘의 신비로운 돌들

사람들은 계속해서 하늘에서 떨어지는 돌들을 관찰했다. 그러나 설명에 관한 한 아리스토텔레스에서 별로 나아가지 못했다. 저 위 대기 속에서 어떻게 먼지 알갱이들이 서로 뭉쳐져서 돌이 되는 것일까? 화산이 폭발할 때 돌들이 위쪽으로 던져졌던 것일까? 번개가 칠 때 돌들이 공중으로 들어올려졌다가 다시금 떨어지는 것일까? 많은 생각들이 오갔다. 그러나 돌들이 지구 밖에서 와서 지구와 충돌하여 바닥으로 떨어진다는 생각만은 거의 모든 사람들이 말도 안 되는 것으로 여겼다. 과거의 위대한 사상가—아리스토텔레스, 아이작 뉴턴—의 의견만이 여전히 신빙성 있게 받아들여졌다. 즉 천체의 공간은 텅 비어 있고 보이지 않는 에테르로만 채워져 있다는 생각, 그곳에 돌 같은 것은 없다는 생각 말이다.

18세기 후반에야 비로소 서서히 이런 생각에 회의가 일어났다. 학자들의 생각을 바꾸어 놓은 것은 독일 물리학자 에른스트 플로렌스 프리드리히 클라드니Ernst Florens Friedrich Chladni의 논문 한 편이었다. 원래 클라드니는 음악에 천착했다. 그는 다양한 재료들이 어떻게 진동하고, 어떤 음을 내는지를 연구하여 현대 음향학의 기초를 닦았다. 클라드니는 1787년 《소리 이론에 대한 발견Entdeckungen über die Theorie des Klanges》이라는 책을 출판했는데, 이 책은 전혀 주목을 끌지 못했다. 그 뒤 클라드니는 진동과 소리에 대한 또 다른 논문을 발표하여 약간의 학문적 명성을 얻었다. 그러나 유감스럽게도 그것으로 생계를 유지하기는 힘들었다. 그럼에도 클라드니는 음악을 열심히 연구하다 보면 새로운 악기를 발명할 수 있을 것이고 그로써 약간의 주목을 받을 수 있으리라는 생각으로 연구에 임했다. 그 뒤 클라드니는 유리 막대를 젖은 손가락으로 문질러 소리를 내는 악기인 '유폰'(와인잔 가장 자리를 마찰시켜 소리를 내는 것과 비슷함)을 만들었고, 독일을 순회하며 유폰을 연주하는 동시에 자신의 학문적 이론을 퍼뜨리는 데 힘썼다.

1792년 12월 클라드니는 괴팅엔에서 연주를 했는데, 그때 위대한 수학자이자 물리학자인 게오르크 크리스토프 리히텐베르크Georg Christoph Lichtenberg가 청중 가운데 있었다. 클라드니와 리히텐베르크는 이야기를 나누게 되었고, 리히텐베르크는 클라드니에게 하늘의 신비로운 돌들에 대해 이야기했다. 리히텐베르크는 이것이 대기적인 현상이라고 생각하고 있었다. 그는 저 위 하늘에서는 이 아래 땅에서 와는 완전히 다른 일들이 일어날 것이라고 생각했다. 저 위 '대기의 화학'은 가령 온도 차이 때문에라도 지상의 '골짜기의 화학'과는 다르지 않겠느냐는 것이었다. 그러니 저 위 하늘에서 갑자기 돌들이 생겨나서 땅에 떨어진다고 한늘 놀랍지 않다는 것이 리히텐베르크의 생각이었다.

클라드니는 이 만남을 계기로 이 연구에 뛰어들어 완전히 다른 의견을 개진했다. 클라드니는 "돌들이 우주 공간에서 날아오는 것 외에 다른 것일 수가 없다"라고 말했다. 그가 1794년에 출판한 그의 책에 이와 같은 의견을 싣자 많은 학자들은 클라드니에게 귀를 기울이기는 했지만 그다지 솔깃해하지는 않았다. 리히텐베르크는 자신의 의견을 결코 바꾸지 않았고 알렉산더 폰 훔볼트Alexander von Humboldt 나 요한 볼프강 폰 괴테Johann Wolfgang von Goethe 같은 정신적 거장들도 여전히 그 돌들에 대해 대기적 현상으로 여겼다.

1803년 4월 26일 약 2~3000개의 돌이 프랑스 노르망디 지방의 소도시 레글에 우수수 쏟아져 내리자 분위기는 반전되었다. 프랑스 과학아카데미의 학자들은 이런 돌들을 집중적으로 연구했고 화학자들은 발견된 돌들의 정확한 구성 성분을 분석했다. 그리고 나서 모두 '돌들은 지구의 것일 수가 없다. 우주에서 온 것들이다'라는 결론을 내렸다.

혜성을 둘러싼 진실게임

오늘날에는 더 많은 것이 알려져 있다. 아낙사고라스가 아이고스포타모이에서 발견했던 것, 학자들이 레글에서 연구했던 것, 그리고 세월이 흐르면서 하늘에서 떨어진 다른 모든 돌은 소위 '운석'이었다. 운석은 정말로 우주에서 생겨난 것으로 계속하여 지구로 떨어진다. 매일 지구와 우주로부터 날아온 작은 돌덩어리들 사이에는 수천 번의 충돌이 일어난다. 그렇게 100톤 이상의 지구 밖 물질들이 지표면에 착륙한다. 그러나 이런 운석들은 대부분 아주 미세하여, 우주로부터 서서히 지구로 내리는 먼지 알갱이에 불과하다. 정말로 땅에 착륙하는 것만을 '운석'이라 일컫는다. 우주 속을 날아다니는 한 이들을 '유성체'라 일컫는다. 그리고 유성체가 운석으로 떨어지기 위해 대기 속을 돌진할 때 생겨나는 빛의 현상을 '유성'이라고 부른다.

유성에 대한 좀 더 친숙하고 예쁜 표현은 별똥별이라는 이름이다. 밤하늘을 아름답게 수놓는 낭만적인 별똥별, 우리로 하여금 소원을 빌게 하는 그 별똥별은 다름 아닌 지구와 다른 지구 밖 천체 사이의 충돌을 보여주는 표시인 것이다.

그런 먼지 알갱이가 우리의 행성을 향하여 대기권에 진입하면 별똥별의 특성적인 빛의 흔적이 만들어진다. 별똥별이 아름답게 빛나는 것은 먼지 알갱이가 불에 타기 때문이 아니다. 물론 먼지 알갱이는 불에 탄다. 그러나 그것만으로는 지상의 우리가 볼 수 있을 정도로 그렇게 밝은 빛을 낼 수 없다. 우리가 그 빛을 분간할 수 있는 것은 공기와 먼지 알갱이의 마찰이 아주 많은 열을 발생시키기 때문이다. 이런 열은 공기 분자의 원자로부터 몇몇 전자들을 떼어내고 그 원자는 얼른 다시금 새로운 전자를 포획하는데, 그 과정에서 에너지를 방출하며 빛을 낸다. 원칙적으로 전등 속의 형광관도 비슷하게 작동한다. 형광관에서도 가스가 달구어져서 빛을 내는 것이다. 그러나 충돌에 관한 한 우리는 아름다운 별똥별이나 행성 사이의 먼지 알갱이들에 관심을 갖는 것이 아니다. 우리는 그보다 커다란 바윗덩어리에 대해 알고 싶어 한다. 지구랑 충돌할 때 정말이지 '쿵' 소리를 내며 떨어질 것들 말이다!

지구와 충돌하는 바윗덩어리?

물론 그런 것들도 있다. 정확히 말하면 그것들이 바로 작은 유성체의 근원이다. 앞에서 언급한 미행성 말이다. 이는 45억 년 전 행성이 만들어지는 데 재료가 되었던 것들이다. 그런데 당시 모든 재료가 행성 속으로 편입되지는 않았다. 그리하여 그중 오늘날에도 남아 있는 것을 우리는 '소행성asteroid'이나 '혜성comet'이라고 부른다. 소행성과 혜성은 아주 다른 역사를 가지고 있으며 겉보기에도 아주 다르다. 그럼에도 둘은 깊은 연관이 있으며 탄생 장소가 다르다는 것을 통해서만 구분이 된다.

젊은 태양을 두르고 있던 먼지 및 가스 원반으로부터 첫 미행성들이 형성되었을 때 태양은 이미 빛을 발하고 에너지를 방출하고 있었다. 태양 근처는 따뜻했고, 태양에서 먼 곳은 차가웠다. 그리하여 태양 근처에서 생성된 미행성은 태양열로 인해 얼음처럼 열기 속에서 쉽게 증발되어버리는 성분을 함유하고 있을 수 없었다. 한편 태양에서 훨씬 더 먼, 온도가 낮은 곳에서는 순수한 바윗덩어리가 아니라 얼음이 많이 섞인 광물 덩어리가 형성되었다. 전자의 태양 근처에서 생성된 미행성은 오늘날 소행성이, 후자의 얼음이 섞인 미행성은 오늘날 혜성이 되었다.

혜성은 이미 오래전부터 알려져 있었고, 늘 약간 섬뜩한 존재였다. 놀랄 일이 아니다. 행성이야 언제나 고분고분하게 계산된 궤도를 벗어나지 않지만, 혜성은 아무도 이해하지 못하는 존재였던 것이다. 혜성은 어느 순간 갑자기 출현하여 몇 달 간 하늘에서 보이다가 다시금 사라져갔다. 혜성의 생김새 역시 굉장히 낯선 것이었다. 행성이나 별에서는 밝은 점이 보인 반면, 혜성은 커다랗고 으스스한 빛을 던지는 빛바랜 얼룩처럼 보이는 데다 종종 긴 꼬리까지 늘어뜨리고 있었다.[16] 정체가 무엇인지 알 길이 없었다. 예기치 않게 나타나는 바람에 사람들은 혜성을 불행의 징조로 여겼고, 하늘에 혜성이 보이면 두려워했다.

헬리 혜성이 지나간 1910년에도 멸망의 분위기가 확산되었다. 혜성의 꼬리에 청산이 들어 있어서(정말로 아주 소량의 청산이 들어 있기는 하다) 혜성이 지구를 스쳐 가면서 모든 것을 청산으로 오염시킨다는 소문도 있었다(사실무근이다). 때를 노려 장사꾼들은 알약과 가스마스크를 팔아 이윤을 챙겼다. 오늘날에도 미신을 믿고 혜성을 두려워하는 사람들이 있다. 1997년에 헤일 밥 혜성이 출현할 즈음 '헤븐스 게이트'라는 종교 집단은 집단 자살을 꾀했다. 2011년 그다지 눈에 띄지 않는 평범한 엘레닌 혜성을 둘러싸고도 세계 멸망에 대한 예언이 난무했다. 엘레닌이 지진을 유발하고, 자전축을 변화시키고, 지구를 완전히 파괴시킬 것이라는 흉흉한 소문이 인터넷에 돌아다녔다. 물론 그런 일은 전혀 일어나지 않았다. 그럼에도 2011년 9월 엘레닌이 태양 곁을 아주 가까이에서 지나가 태양의 중력에 의해 산산조각 나면서야 비로소 그런 소문도 끝이 났다(많은 사람들은 심지어 그 뒤에도 엘레닌이 은밀하게 계속해서 존재한다고 믿었다).

우리는 예전보다 혜성에 대해 많은 것을 알고 있다. 학자들은 처음에 유성과 마찬가지로 혜성도 대기 속의 빛의 현상이라 여겼다. 하늘에는 행성과 별 외에 아무것도 없고 행성들은 모두가 유리로 된 천

---

16 혜성이 영어로 'comet'이라 불리게 된 것은 꼬리 덕분이다. 그리스어 'kome'는 '머리카락' 또는 '갈기'라는 뜻이다. 말하자면 혜성은 뒤에 갈기를 늘어뜨리고 다니는 별인 것이다.

구에 장착되어 있으며, 그런 행성들이 양파의 껍질처럼 지구를 둘러싸고 있어서 그 사이를 거칠게 질주하는 천체 같은 것은 있을 리 만무하다는 고대 그리스인들의 가르침이 여전히 통했기 때문이다. 마구 돌아다니는 천체들이 있다면 불가피하게 행성들이 있는 천구와 충돌했을 것이었다. 유리 천구 같은 도움 수단이 없이는 아무도 행성 운동을 근본적으로 설명하지 못했다. 행성의 운동을 관찰할 수는 있었고 어느 정도까지 예언도 할 수 있었다. 그러나 더 깊은 이해는 부족했다. 혜성이 독립적인 천체이며, 행성처럼 우주에서 운동한다는 것을 이해하기까지는 오랜 세월이 걸렸다.

혜성이 지구와 충돌할 가능성

티코 브라헤Tycho Brahe는 마지막으로 망원경 없이 연구를 수행했던 위대한 천문학자였다(망원경은 그가 죽은 뒤 얼마 안 되어 고안되었다). 덴마크 출신의 브라헤는 육안만으로 아주 대단한 업적을 남겼다. 금속으로 만든 인공 코를 달고 다닌 것으로 유명했던(진짜 코는 결투에서 잃었다) 그는 행성들의 위치를 전보다 더 정확하게 측량했다. 티코 브라헤는 이런 데이터를 제자였던 요하네스 케플러에게 넘겼고, 요하네스 케플러는 이런 데이터들 덕분에 태양계에 대한 지식에 혁명을 일으킬 수 있었다. 그러나 무엇보다 브라헤는 지구가 우주의 중심이 아니라, 모든 것이 태양을 돌고 있다는 태양 중심적 세계관에 첫발을 조심스럽게 내디딘 사람이었다.

1577년에 다시금 혜성 하나가 나타났다. 그 혜성은 아주 크고 밝아서 낮에도 보일 정도였다. 당연히 브라헤도 혜성에 관심을 갖게 되었고 가능하면 혜성에 대해 많은 것을 알아내고자 했다. 브라헤는 혜성의 출현이 정말로 대기 중에서 벌어지는 현상이라면 '시차'를 측정할 수 있을 것이라고 생각했다. 혜성이 대기 중에 있다면 혜성을 지구의 서로 다른 지점에서 관찰할 때 혜성의 위치가 달라 보일 것이라고 예상했던 것이다. 시차는 우리 모두 앉은 자리에서 실험으로 쉽게 점검할 수 있다. 팔을 뻗고 엄지손가락을 위로 치켜올린 다음 한쪽 눈을 감고 엄지손가락을 관찰한다. 그러고는 이제 다른 쪽 눈을 감고 전에 감았던 눈은 다시 뜬다. 이때 엄지손가락의 위치는 배경을 기준으로 달라져 보인다. 가만히 있는 엄지손가락인데 왼쪽 눈과 오른쪽 눈으로 번갈아가면서 보면 엄지손가락이 이리저리 뜀뛰기를 하는 것 같다. 두 눈이 서로 다른 방향에서 엄지손가락을 보기 때문에 엄지손가락이 왔다 갔다 하는 것처럼 보이는 것이다(그림 3 참고). 엄지손가락이 눈에 가까이 있을수록, 그리고 혜성이 지구에 가까이 있을수록 그 효과는 더 크다. 혜성이 대기 중의 현상이라면 덴마크의 관찰자는 러시아의 관찰자와 다른 위치에서 혜성을 관측하게 될 것이다.

브라헤는 세계 다른 지역의 동료들에게 많은 편지를 보내 데이터를 교환했다. 데이터들은 확실했다. 혜성은 대기에 있는 것이 아니라, 훨씬 더 멀리 있는 것이 분명했다. 혜성은 행성이나 마찬가지로 우주 속을 움직이고 있는 것이 틀림없었다. 그러므로 고대로부터 믿어왔던 바와 같이 행성이 장착된 유리 천구 같은 것이 있을 수는 없었다! 그러나 이런 생각이 관철되기까지는 약간의 세월이 더 필요했다. 몇십 년 뒤 요하네스 케플러가 행성들이(그리고 혜성들이) 태양 주위를 어떻게 운동하는지 만족스럽게 설명을 했고, 얼마 뒤 위대한 아이작 뉴턴이 또한 그 설명을 위해 알맞은 힘을 제시할 수 있었다. 중력이 행성과 혜성을 태양 주위를 도는 궤도에 붙잡아둔다고 하면서 말이다. 그 뒤 뉴턴의 동료인 에드먼드 핼리Edmond Halley가 뉴턴의 중력 법칙을 이용하여 1682년에 지나간 커다란 혜성이 정확히 태양을 다시 한 바퀴 돌아 1759년에 되돌아올 것이라고 예측했다. 실제로 그 혜성이 그 시점에 나타나자 모든 것이 확실해졌다. 혜성은 행성과 똑같은 천체이고 행성과 마찬가지로 중력 법칙을 따르는 것이며, 태양 주위를 도는 것이었다. 그러나 혜성들은 특별한 방식으로 그렇게 하며, 특별한 궤도로 말미암아 다른 천체들과 충돌할 수도 있다.

케플러의 위대한 인식

혜성들은 타원형 궤도로 움직인다.[17] 그렇다. 행성도 그렇게 움직인다. 별의 중력 영향권에 있는 모든 천체들이 타원형 궤도로 움직인다. 이것이 바로 요하네스 케플러의 위대한 인식이었다. 전에 사람들은 행성들이 원형 궤도로 운동할 것이라고 생각했다. 원은 완벽한 형태이고 하늘은 모든 것이 완벽한 장소이기에, 별과 행성도 스스로 완벽한 구형인 동시에 완벽한 원 운동을 할 것이라고 말이다. 물론 두 가지 모두 틀린 생각이다. 그렇다고 예전의 관찰자들을 비난할 수는 없다. 태양 주위를 도는 행성들의 궤도는 원과 흡사해서 그것이

---

17 아주 길쭉한 타원형 궤도다.

타원형임을 깨닫기 위해서는 요하네스 케플러가 수년간 부단히 공부한 수학을 들이대는 것이 필요했으니까. 그러나 혜성의 궤도가 타원형이라는 것은 대부분 의심할 바가 없었다. 혜성의 타원형 궤도는 보통 아주 길쭉하게 뻗어 있다. 태양에 아주 가까이, 종종 태양에 가장 가까운 행성인 수성보다도 더 가까이 다가갔다가, 다시금 태양으로부터 멀어진다. 그때는 태양에서 가장 먼 행성인 해왕성보다 더 멀리 나간다. 혜성들은 우리가 태양계에서 알고 있는 다른 어떤 것들보다 더 멀리 간다. 많은 혜성은 우주 깊은 곳에서 와서 태양을 한 바퀴 돌고 다시금 어디론가 멀리 사라져가는 것처럼 보인다. 그러나 사실 그들은 단지 태양에서 아주 멀리까지 가는, 아주아주 길게 뻗은 공전 궤도에 있을 따름이다. 혜성이 이런 엄청난 구간을 오가려면 오랜 세월이 필요하기에 우리는 대부분의 행성을 단 한 번만 보고, 다시는 보지 못한다. 다시금 지구 가까이에 등장하기까지 몇만 년이 걸리기도 하고, 몇백만 년이 걸리기도 한다.

몇백만 년간의 어둠과 추위가 아무렇지도 않은 자, 딱히 할 일이 없는 자는 혜성에 뛰어올라 혜성과 함께 태양에서 아주아주 먼 곳으로 여행할 수 있을 것이다. '오르트 구름Oort cloud' 한가운데로 말이다. 이 지역은 우리 태양계의 가장 바깥쪽 경계를 의미한다. 그 뒤로는 텅빈 항성 간 공간이 시작된다. 어느 순간 이웃한 별의 항성계에 도달하기까지는 말이다. 하지만 아주 멀리서 태양을 겉껍질처럼 둘러싸고 있는 오르트 구름 속에서 보면 태양계에 있다는 느낌이 더 이상 들지 않는다. 태양은 더 이상 하늘에 있는 밝은 원반이 아니며,

많은 별들 중 하나로만 보일 뿐이다.

지구에서 1광년 정도 떨어져 있는 바로 이곳에 수십억 개의 혜성이 있다. 모두 태양계가 생성될 때 탄생한 것들이다. 그들 모두는 원래 태양 주변의 가스와 먼지로 된 원반에서 탄생한 미행성들이었다. 그러나 그들은 행성이 되지 않았다. 그들 중 다수는 막 생성되는 행성 중 하나에 너무 가까이 갔다가 그 행성의 중력으로 말미암아 이곳 태양계의 삭막한 외곽 지역으로 튕겨져 나왔을 것이다. 아니면 다른 미행성과 충돌하여 동일한 운명을 겪었을지도 모른다. 아무튼 이렇게 밀려난 미행성들은 태양에서 아주 멀리 떨어진 곳에 모여 있고 보통은 그곳에 머물러 우리를 방해하지 않는다. 그곳에서 충돌이 없다면 말이다.

그러나 혜성들을 태양에서 멀리 추방한 바로 그 과정이 또한 그들을 다시금 태양에 가까이 보낼 수도 있다. 그곳 오르트 구름 속에서 두 혜성이 충돌하거나 혹은 근처를 지나는 별 같은 것에 의해 몇몇 혜성의 궤도에 장애가 초래되면 혜성의 궤도는 변할 수 있다. 그러면 그런 혜성은 극도로 길쭉한 타원형 궤도로 태양에 근접하게 된다. 궤도는 태양계 이쪽 끝에서 다른 쪽 끝까지 이르고 행성들의 궤도를 가로지른다. 약간 운이 없으면 충돌이 있을 수도 있다. 특히 목성과 충돌하기 쉽다. 목성은 태양계에서 가장 커다란 행성으로, 질량이 지구의 약 300배이다. 목성은 모든 행성 중 가장 강력한 중력을 행사하고, 목성 곁을 지나쳐 태양계 내부로 몰래 들어가고자 하는 이런저런 혜성을 자기 쪽으로 곧잘 낚아챈다. 지구에게는 다행스런 일이다.

목성이 우주 교통에서 끌어내는 혜성은 더 이상 지구랑 충돌할 가능성이 없어지기 때문이다!

한편 목성은 중력으로써 다가오는 혜성의 궤도를 변화시키기도 한다. 그러면 혜성의 궤도는 태양 가까이 다가갔다가 다시금 수백만 년간 우주 깊은 곳까지 여행할 만큼 길지 않게 된다(그림 4 참고). 그리하여 혜성은 새로운 궤도로 태양계 내부에 머물게 되고 주기가 더 짧아지게 된다. 76년에 한 번씩 태양 가까이에, 그로써 지구 가까이에 오는 유명한 핼리 혜성처럼 말이다. 핼리는 물론 지구와 충돌할 위험이 없다. 그러나 짧은 주기의 다른 혜성들은 언젠가 지구와 부딪힐 수도 있으며, 파국적인 결과를 빚을 수도 있다. 이에 대해 자세히 살펴보기 전에 일단 조금 더 안심되는 테마로 돌아가보자. 낭만적인 별똥별이란 테마로 말이다.

앞에서 살펴보았듯이 별똥별은 작은 운석이다. 지구 대기 속에 들어와 하늘에 빛의 흔적을 남기며 지구로 내려앉는 작은 먼지 알갱이들이다. 이제 우리는 이런 먼지가 어디에서 연유하는지도 설명할 수 있다. 이런 먼지는 혜성의 찌꺼기들이다. 혜성이 태양에 근접하여 태양열로 데워지면, 혜성 표면의 얼음이 증발하여 기체가 우주로 흘러나간다. 많은 양의 먼지도 혜성 표면에서 떨어져 나와 드라마틱한 혜성의 꼬리가 생겨난다. 한편 혜성은 자신의 궤도를 따라 먼지 알갱이들을 남기기도 한다. 그리하여 지구가 태양을 공전하면서 혜성이 지나간 자리를 통과할 때마다, 즉 혜성이 남긴 것들을 통과할 때마다 유성우가 쏟아지는 것이다. 유성우에서는 보통 시간당 약 100개가 넘는 유성을 볼 수 있으며, 때로는 훨씬 더 많은 유성을 볼 수 있다(사진 2 참고). 페르세우스 유성우는 특히나 아름답다. 페르세우스 유성우는 스위프트 터틀이라는 혜성의 잔재로 인해 나타나는 것으로 매년 8월에 관찰할 수 있다.

낭만적인 밤은 충분하다! 별똥별은 아름답고 좋다. 그러나 이제 우리는 별똥별이 단순히 아름다운 것일 뿐 아니라, 지구가 한 혜성의 궤도 근처에 있다는 표시임을 알고 있다. 게다가 약간 운이 없으면 지구는 먼지 알갱이들 대신 혜성과 통째로 충돌할 수도 있을 것이다. 아니면 소행성과 충돌할 수도 있을 것이다! 혜성과 소행성은 잠재적으로 지구와 충돌할 수 있는 천체들이다. 지구 근처에는 혜성보다 소행성이 훨씬 많다.

태양계 어디에든 있는 소행성

소행성의 존재를 알게 되기까지는 아주 오래 걸렸다. 18세기에 천문학자들은 우리의 태양계의 구성에 대해 생각했다. 행성의 존재는 알려져 있었고, 행성들이 거의 원형 궤도로 태양 주위를 돈다는 것도 알려져 있었다. 그러나 행성들이 왜 바로 그 자리에 있는지는 알려지지 않았다. 물론 당시 사람들은 행성의 탄생에 대해서도 전혀 몰랐다. 다만 행성들의 궤도가 우연히 그렇게 배치된 것인지, 어떤 규칙을 따른 것인지를 알아낼 수 있을 것이었다.

1766년에 비텐베르크대학교의 천문학자 요한 다니엘 티티우스Johann Daniel Titius는 바로 그 규칙을 발견했다고 믿었다. 단순한 수학 공식이 행성들의 궤도를 정확히 설명해줄 수 있다고 본 것이다. 그러나 티티우스가 발표한 논문에는 아무도 관심을 두지 않았다. 그러다가 6년 뒤 베를린 천문대 소장으로서 유명한 학자였던 요한 보데Johann Bode가 티티우스의 공식을 언급했을 때 비로소 천문학자들은 그에 주목하게 되었다. 그리하여 무대에 등장한 '티티우스-보데 법칙'은 정말로 인상적이었으며 미학적으로 작은 오류만을 가지고 있었다.

그 법칙은 화성의 궤도와 목성의 궤도 사이에 또 다른 행성이 있어야 한다고 이야기했다. 그때까지 화성과 목성 사이에는 행성이 없는 것으로 알려져 있었는데도 말이다. 천문학자들은 곧 연구에 착수했고, 1800년에는 오스트리아의 천문학자 프란츠 크사버 폰 차흐Franz Xaver von Zach의 지도하에 '하늘의 경찰'이라는 단체까지 만들어 체계적으로 작업에 들어갔다. 세계 전역의 천문학자들은 하늘을 서로 나누어 화성과 목성 사이에서 숨어 있는 행성을 샅샅이 찾기 시작했다. 그러고는 일 년 뒤 수색을 중단할 수 있었다. 드디어 새로운 행성이 발견되었던 것이다! '하늘의 경찰'의 회원이 아니라, 이탈리아인 쥬세페 피아치Giuseppe Piazzi가 우연히 발견했다.

중요한 것은 드디어 그런 행성이 나타났고, 티티우스-보데 법칙이 이야기하는 바로 그 장소에 있었다는 것이었다. 학자들은 이런 새로운 행성을 '세레스Ceres'라고 불렀고 만족스러워했다. 그러다가 일년 뒤 독일의 하인리히 빌헬름 올버스Heinrich Wilhelm Olbers가 두 번째로 화성과 목성 사이에 위치하는 또 하나의 새로운 행성을 발견했을 때 약간의 혼동이 일어났다. 행성 하나를 원했는데 두 개가 동시에 나타났으니, 그리 반갑지 않은 일이었다. 올버스는 괴팅엔대학교의 칼 루드비히 하딩Karl Ludwig Harding과 함께 계속해서 게임을 망쳐놓았다. 1804년 하딩은 화성과 목성 사이의 행성을 또 하나 발견했고, 1807년에는 올버스가 또 하나 발견했다. 이 행성들은 '팔라스Pallas', '주노Juno', '베스타Vesta'라고 이름 지어졌고, 이제 화성과 목성 사이에 네 행성이 궤도를 돌고 있는 것으로 보였다. 티티우스-보데 법칙에 따르면 원래는 화성과 목성 사이에 하나의 행성만 있어야 했는데도 말이다.

1781년에 새로운 행성(천왕성)을 발견했던 위대한 천문학자 프레드릭 윌리엄 허셜도 '하늘의 경찰'이 기대했던 것을 망쳐놓았다. 당시 허셜은 단연 가장 크고 가장 좋은 망원경을 가지고 있었다. 그리고 세레스와 새로 발견된 행성들이 정말로 진짜 행성들이고 기존의 행성들과 비슷한 크기라면 원래 망원경으로 아주 잘 볼 수 있어야 했다! 그런데 커다란 행성이라면 망원경으로 볼 때 밝은 원반처럼 보여야 했건만 허셜의 눈에 보이는 모든 것은 그저 작은, 별빛과 비슷한 빛의 점들이었다. 그리하여 허셜은 지금까지 발견된 천체는 행성이 아니라 오히려 '소행성'이라고 주장했다(소행성을 뜻하는 asteroid라는 말에는 원래 '별과 비슷하다'라는 뜻이 있다). 과연 허셜은 행성 발견자로서의 지위를 피아치, 올버스, 하딩과 나누지 않으려는 질투심에서 이런 주장을 한 것일까?

여하튼 천문학자들은 편을 가르기 시작했다. 몇몇 학자들은 허셜을 무시하고 새로 발견된 천체를 계속해서 행성이라고 불렀다. 이런 '행성'들이 점점 더 많이 발견되었을 때에도 그런 의견을 고수했다. 새로 발견된 행성들은 모두 화성과 목성 사이에서 궤도를 돌고 있었고, 기존의 알려진 행성들보다 규모가 훨씬 작았다. 그리하여 어느 순간 그런 천체를 행성으로 보려던 학자들조차 손을 들었고, 1851년 알렉산더 폰 훔볼트는 '커다란 여덟 개', 즉 수성, 금성, 지구, 화성, 목성, 토성, 천왕성, 해왕성(해왕성은 1846년에 발견되었다)만을 행성으로 부르고 나머지 작은 것들은 소행성이라고 부르자고 제안했다. 논란은 일단락되었다. 오늘날에는 화성과 목성 사이에 있는 소행성이 이미 약 50만 개 정도 알려져 있고, 이 지역을 '소행성대'라고 부른다.

아, 그렇다면 티티우스-보데 법칙은 어떻게 된 것일까? 그것은 잘못된 것으로 물리학적 배경이 없는 순수한 숫자 놀음에 불과한 것으로 드러났다. 소행성들이 이미 티티우스-보데 법칙에 들어맞지 않았던 데다 최종적으로 해왕성의 발견되면서 티티우스-보데 법칙은 폐기되었다. 해왕성은 그 수열에 따르면 절대적으로 있어서는 안 될 곳에 있었던 것이다.

아주 새로운 종류의 천체

'하늘의 경찰'이 목표를 이루지 못했고 새로운 행성을 찾지 못했음에도, 어쨌든 천문학자들은 최소한 아주 새로운 종류의 천체들을 발견하게 되었다. 처음에 학자들은 화성과 목성 사이에 있는 파편들이 전에 행성이었던 것의 잔재일 것이라고 생각했다. 아마도 거기에는 어엿한 행성이 있었을 텐데, 다른 행성과 충돌해서(당시 젊은 지구와 테이아가 충돌했던 것처럼) 산산조각 났을 것이라고 생각한 것이다.

오늘날 우리는 그렇지 않다는 것을 알고 있다. 일단 소행성대에 위치하는 모든 천체들의 전체 질량은 달의 질량의 5퍼센트밖에 되지 않는다. 제대로 된 행성이 되기에는 너무 작은 질량이다. 그리고 계산과 컴퓨터 시뮬레이션을 통해 이 자리에 행성이 생성될 수 없었음이 드러났다. 행성들이 생성될 때 목성은 다른 행성들보다 한 걸음 앞섰다. 태양계의 가장 큰 행성인 목성은 초기에 다른 행성들보다 더 빠르게 불어났고, 이것이 주변에 행사하는 중력은 주변에 다른 행성들이 생성되는 것을 방해했다. 이러한 이유로 그곳에는 이미 언급했던 미행성, 즉 행성을 이루는 재료들만이 돌아다니고 있는 것이며, 우리는 이제 이들을 '소행성'이라 부르는 것이다.

세월이 흐르면서 다른 곳에서도 소행성들이 발견되었다. 소행성은 정말이지 태양계 어디에든 있었다. 우선, 1906년에 하이델베르크의 천문학자 막스 볼프Max Wolf가 신기하게도 목성과 같은 궤도에 있는 소행성을 발견했다! 아주 특별한 일이었다. 원래 작은 천체는 목성처럼 커다란 행성을 피하게 되어 있었다. 목성에 이끌려서 목성과 충돌하거나, 아니면 목성으로부터 튕겨져 나가서 궤도가 굉장히 변화되거나 해야 할 것이었다. 하지만 목성 근처에도 우리가 앞에서 이미 살펴보았던 몇몇 특별한 지점이 있다. 바로 라그랑주 점 말이다. 테이아가 지구의 라그랑주 점에서 형성될 수 있었던 것처럼, 목성도 궤도 앞뒤로 안정된 지점을 가지고 있으며 그 지점에 많은 소행성들이 밀집되어 있는 것이었다. 그동안 우리는 이 지역에 위치한 소행성을 몇천 개나 알게 되었다. 학자들은 이 지역의 소행성 수가 전체적으로 몇십억 개에 이를 것이라고 추측한다!

1992년에는 더 많은 소행성들이 발견되었다. 태양계의 아주 바깥쪽에서, 해왕성 궤도 뒤에서 말이다. 처음에 그 지역에서 바윗덩어리 하나가 발견되었고, 별로 특이할 것 없는 기술적 명칭인 '1992 QB1'이라는 명칭을 부여받았다. 그러나 세월이 흐르면서 바윗덩어리들이 점점 더 많이 발견되었고, 마침내 우리는 태양으로부터 아주 먼 곳, 행성들의 궤도 뒤에도 소행성대가 있다는 것을 알게 되었다. 이런 소행성대를 '카이퍼대'라고 한다(그의 존재를 예언한 천문학자 제라드 피터 카이퍼Gerard Peter Kuiper의 이름을 땄다). 이 소행성대는 태양계 안쪽에 위치한 소행성대보다 훨씬 커서, 그곳에 있는 모든 소행성의 질량을 합치면 어쨌든 달 질량의 15배에 이른다.

지구에 있는 물은 어디서 온 것인가

해왕성 바깥쪽에 있는 먼 카이퍼대(카이퍼 벨트)에서 무슨 일이 일어나는지 인간적인 관점에서는 별로 관심이 가지 않는다. 우리가 가장 알고 싶은 것은 지구와 충돌할지도 모르는 소행성들이 어디에 있는지가 아니겠는가. 지구와 충돌할 가능성이 있는 소행성들은 카이퍼대에 있지 않다. 당연히 그런 소행성들은 지구 가까이에 있다. 사실 이런 암석 덩어리들은 소행성대에서, 고요히 자신의 궤도를 돌고 지구상의 우리를 방해하지 않는다. 그들이 살 자리는 충분하다. SF 영화에서는 수천 개의 바위들이 떠다니는 듯한 영상이 묘사되는데 이런 장면은 사실과는 상당히 다른 장면이다. 설사 우리가 우주선을 타고 소행성대를 통과한다 하더라도 운이 아주 좋아야지만 소행성 하나를 볼 수 있을까 하는 정도이다.

그러나 충분히 오래 기다리기만 한다면 소행성 두 개가 서로 만나 부딪히는 일이 발생할 수 있다. 그리고 소행성대는 이미 45억 년 전부터 존재했다. 많은 충돌이 있기에 충분한 시간이라는 이야기다. 이런 충돌을 통해 소행성 또는 소행성 파편들은 태양계의 특정 지역으로 들어갈 수 있었다. 거기에는 소위 '공진共振'이 작용한다. 즉 보통은 우연히 소행성 궤도에 작용하고, 서로 균형을 이루는 다른 행성들의 중력적 방해가 무기력으로, 부진치 않게 성장이는 깃이다.

소행성이 소행성대를 떠날 때

한 소행성이 목성과 2:1의 공진 가운데 있다고 생각해보자. 그 소행성은 목성이 태양을 한 바퀴 도는 동안 두 바퀴 돈다. 목성이 매번 한 바퀴 돌고 나면 소행성과 목성이 다시금 정확히 서로 전과 같은 장소에 있게 된다(그림 5 참고). 이때 중력적 방해는 세월이 흐르면서 축적될 수 있다. 아이를 그네에 태워줄 때와 같다. 그네를 규칙적으로 밀면 미는 힘은 똑같지만 그네가 점점 더 높이 올라간다. 아이가 탄 그네가 점점 더 높이 올라가는 것처럼, 공진 가운데 있는 소행성의 궤도도 변한다.

그리하여 결국 소행성은 소행성대를 떠나 태양계 안쪽으로 이를 수 있다. 지구가 있는 곳으로 말이다. 그러나 이곳에서 작은 천체들은 오래 견디지 못하고, 행성 중 하나에게 다가가게 된다. 화성이나 금성이나 지구다. 그러면 그 천체들의 운동은 행성의 중력에 의해 가속되거나 감속되고, 그 궤도는 계속해서 예측할 수 없게끔 변한다. 행성의 당구 게임은 대부분 몇십만 년 후, 소행성이 드디어 태양계 밖으로 밀려나거나 태양에 뛰어들거나, 내부 행성 중 하나와 충돌함으로써 끝이 난다. 내부 행성 중 지구가 가장 질량이 크고, 그에 따라 인력도 크기 때문에 지구에 가까운 소행성들은 우리가 사는 파란 행성과 충돌하기가 특히 쉽다.

지구가 파란 것 역시 충돌과 관련이 있다. 태양계 생성 초기에는 훨씬 많은 미행성들이 주변을 날아다녔고 충돌도 훨씬 많았다. 그리고 많은 소행성과 혜성이 젊은 지구로 뛰어들 때마다 약간의 물을 가지고 들어왔다. 물은 천체 안에 얼어 있는 상태로 들어 있었다. 미행성과의 충돌로 얼마나 많은 물이 지구에 들어왔는지는 확실하지 않다. 그럼에도 학자들은 상당한 양일 거라는 데 의견을 함께한다. 지구에 있는 대부분의 물이 우주에서 온 것일 수도 있다. 말하자면 충돌이 지구를 파랗게 만들었고, 그로써 지구상에 생명이 살 수 있도록 만들었던 것이다.

반면에 충돌은 생명을 또 다시 멸절시킬 수도 있다. 이런 생각은 오랜 세월 논의되었으나 그리 많은 개연성이 부여되지는 않았다. 그랬다. 그동안 운석이 정말로 우주에서 지구로 떨어진다는 것은 기정사실이 되었다. 그러나 사람들은 이런 사건이 지구에 딱히 특별한 영향력을 행사한다고 생각하지 않았다. '그래, 물론 옛날에는 충돌이 더 잦았지. 지표면의 이런저런 크레이터는 소행성과 충돌한 자국일 거야. 하지만 오늘날에는 그런 일이 더 이상 일어날 수 없고, 충돌이 지구상의 생명에 영향을 끼칠 수 없어!'라고 생각했던 것이다.

19세기에 과학계는 드디어 교회의 영향력에서 벗어난 것을 기뻐했다. 지질학자 찰스 라이엘Charles Lyell과 생물학자 찰스 다윈의 이론이 지구와 지구상 생물의 발달을 설명해주었다. 다윈의 진화론과 라이엘의 지질학 원리는 생물의 발달, 산맥과 대양의 생성 등을 눈에 띄시 않는 느리고 연속적인 과성으로 설명했다. 바람과 불은 한 세대 동안에는 지표면에 그다지 눈에 띄는 변화를 일으키지 않는다. 그러나 몇백만 년의 세월을 고려한다면, 바람과 물이 침식을 일으켜 산맥을 허물어버릴 수도 있다. 동물의 작은 변화나 돌연변이 역시 영겁의 세월을 거치면서 무수한 새로운 종을 탄생시킨다. 생물의 탄생을 설명하기 위해 더 이상 신의 창조 행위를 끌어올 필요가 없었고, 지질학적인 변화를 이해하기 위해 더 이상 성경의 홍수를 끌어올 필요가 없었다. 높은 산에 있는 바위에서 조개 화석이 발견되는 현상이 전에는 신이 내린 홍수 때문으로 여겨졌지만, 이제 그런 현상은 라이엘의 점진적인 지질학 이론으로 설명할 수 있었다.

무엇인가를 설명하기 위해 대단한 파국을 언급하는 것은 되도록 피하게 되었고, 그것은 곧 성경이 모든 것에 대한 궁극적인 설명을 제공하던 예전의 어두운 시대로 다시 떨어지는 것처럼 여겨졌다. 과거에 일어났던 대량 멸종이 소행성 충돌 때문이라고 주장하는 학자들은 빠르게 아웃사이더가 되었으며, 이런 입장은 20세기 중반까지 변함이 없었다.

이리듐이 말해주는 것

지구상의 대다수의 동식물을 죽게 만들었던 대량 멸종은 지구상에서 되풀이되어 일어났다. 몇억 년 동안 지구상에 서식했고 약 6500만 년 전에 사라진 공룡은 대량 멸종의 가장 유명한 희생자다. 고생물학자들은 공룡 멸종을 기후 변화 탓으로 돌렸다. 혹은 포유류가 진화적으로 더 능력이 있어서 결국 공룡보다 더 우세해졌을 것이라고 생각했다. 어쨌든 공룡의 멸종은 커다란 참사가 아니며, 오랜 세월 느린 과정을 통해 일어난 것이라고 여겨졌다. 당시 지질과 진화에서 일어난 과정과 마찬가지로, 아주 긴 세월을 통해 서서히 일어난 것이라고 말이다. 참사 같은 것은 용인되지 않았다.

미국의 지질학자 월터 앨버레즈Walter Alvarez도 대참사를 염두에 두지는 않았다. 앨버레즈는 원래는 특정 암석층에 관심이 있었다. 소위 'K/T 경계층'이라고 하는 암석층이었다. K는 백악기를, T는 신생대 제3기를 말한다(백악기와 신생대 제3기는 지구의 지질학적 과거의 특정 시대를 지칭하는 명칭이다). K/T 경계층은 하나의 지질학 시대가 다른 시대로 교대되는 시기를 보여주는데, 이 암석층은 약 6500만 년

된 것으로 공룡들이 멸종했던 시기의 것이었다. 1970년대에 앨버레즈는 무엇보다 K/T 경계층의 한가운데에 있는 얇은 층을 연구하고자 했다(사진 3 참고). 이에 대해 아무도 그 얇은 층이 어떻게 생겨난 것인지, 어디서 연유했는지 정확히 알지 못했다. 문제는 그 얇은 층이 생겨나기까지 얼마나 오래 걸렸는지도 모른다는 것이었다. 연대를 측정할 화석이 발견되지 않았기 때문이다.

소행성의 충돌과 대량 멸종

월터 앨버레즈는 운 좋게도 매우 똑똑한 아버지를 두고 있었다. 그의 아버지는 물리학자 루이스 앨버레즈Luis Alvarez로 노벨상까지 받은 학자였다. 아버지 루이스 앨버레즈는 입자물리학을 전공했고, 다양한 원소들과 그 특성들을 굉장히 잘 알고 있었다. 물론 이리듐 iridium도 잘 알고 있었다. 바로 이 이리듐이 아들 월터 앨버레즈의 해법의 단초가 될 줄이야! 귀금속인 이리듐은 지표면에는 거의 없다. 옛날에 있었던 이리듐은 전에 지구가 아직 액체 암석 상태의 끈적한 구였을 때 지구 안쪽으로 가라앉아버렸다. 그래서 이리듐은 우주에만 있다. 소행성에, 혜성에, 계속해서 지구로 떨어지는 운석에 있는 것이다. 3부의 도입부에서 우리는 매일매일 몇 톤의 우주 먼지와 미소 운석들이 지구로 내려온다는 것을 알았다. 우주 먼지에도 이리듐이 들어 있다. 물론 아주 적은 양이지만, 루이스 앨버레즈와 동료들이 활용했던 영리한 방법으로 증명이 가능할 정도는 되는 양이다.

그리하여 앨버레즈는 그 미스테리 같은 얇은 층에 얼마나 많은 이리듐이 들어 있는가를 보기로 했다. 지구에 떨어지는 우주 먼지만이 이런 이리듐을 가져올 수 있으며, 그렇게 지구에 떨어지는 이리듐이 일 년에 어느 정도인지를 알기에 이리듐의 양을 보면 그런 층이 만들어지기까지 얼마나 오래 걸렸는지를 규명할 수 있을 것이었다. 이윽고 분석을 해본 앨버레즈는 어안이 벙벙해졌다. 그 얇은 층에 이리듐이 아주 많이 들어 있었던 것이다. 정말 많았다. 이성적으로 기대한 것보다 훨씬 많았다.

요컨대 6500만 년 전에 그 무엇인가가 우주로부터 엄청난 양의 이리듐을 지구로 가져왔던 것 같았다. 이리듐의 양으로 보아 커다란 소행성이나 혜성일 것이었다. 작은 미소 운석도 아니고, 아낙사고라스가 말한 대로 작은 바윗덩어리도 아닌, 지금까지 상상했던 모든 것보다 더 큰 것일 터였다. 유명한 배린저 크레이터(사진 4 참고)를 남긴 집채만 한 소행성도 지구에 이렇게 많은 이리듐을 가져올 수는 없을 것이다. 이 정도의 이리듐을 가져오려면 직경이 10~15킬로미터 정도는 되어야 할 듯했다. 그러므로 6500만 년 전에 히말라야 산맥만 한 크기의 소행성이 지구와 충돌했음에 틀림없었다. 당시엔 그런 충돌이 지구에 어떤 영향을 끼쳤을지 거의 아무도 생각해보지 않은 상태였다.

사실 이것은 멋진 생각이 아니다. 직경 10~15킬로미터의 천체는 약 200킬로미터 직경의 크레이터를 만들 것이다. 충돌에서 방출되는 에너지는 지구의 모든 핵무기를 뚜렷이 능가할 것이며, 크레이터 주변 몇백 킬로미터 반경에 있는 모든 생물은 곧장 죽을 것이다. 소행성이 대양에 떨어지면 엄청난 쓰나미가 바다를 통과하여 해변으로부터 몇 킬로미터 내륙까지 덮칠 가능성이 크다. 충돌의 위력을 통해 많은 양의 암석이 공기 중으로 날아가고, 그중 많은 것들은 우주로 날아갔다가 대기 중으로 다시 진입하면서 달구어져서 불타오르는 바위들이 비처럼 땅으로 쏟아지며 세계적으로 화재가 일어날 것이다.

화재는 나아가 엄청난 양의 먼지를 대기 중에 확산시키고, 이런 먼지 구름은 며칠 안 되어 전 세계로 확산되어 태양빛을 차단할 것이다. 낮은 밤처럼 깜깜해지고 그런 상태는 수개월 동안 계속될 것이다. 식물은(바닷속의 말들도) 더 이상 햇빛을 받지 못해 시들어버리고, 지구 전역에 강한 산성비가 내린다. 충돌을 통해 엄청난 양의 유황을 함유한 암석이 증발되기 때문이다. 식물성 먹이에 의존하는 동물들이 죽고, 그 다음에는 채식 동물을 먹고 사는 동물들이 죽을 것이다. 엄청난 충돌의 여파는 치명적이며 세계 전역에 미쳐서 대량 멸종을 부를 것이다. 공룡이 멸종되었을 때와 마찬가지로 말이다.

충돌의 증거를 찾아서

1980년대 초 연구 결과를 공개하면서 루이스 앨버레즈와 월터 앨버레즈는 자신들이 공룡 멸종의 진정한 원인을 발견했다고 확신했다. 그러나 학계는 확신하지 못했다. 어쨌든 운석 충돌은 파국적인 사건이었고 탐탁지 않게 여겨지는 것이었다. 뭔가를 설명하기 위해 그런 대참사를 활용하고 싶지 않았다. 몇 가지 의문이 있었다. 가령 '그렇다면 200킬로미터 크기의 크레이터가 지표면에 남아 있을 것이 아닌가?', '당시 그렇게 커다란 소행성이 지구와 충돌했다면, 그런 소행성을 어딘가에서 볼 수 있어야 하는 게 아닌가?'와 같은 의문 말이다.

물론 지구는 활동적인 행성이니까 모든 것이 좀 더 복잡할 수 있었다. 사람 없는 달에는 지금도 지난 몇백만 년간 천체와 충돌하여 생긴 모든 자국이 고스란히 남아 있다. 그러나 지구에서는 끊임없이 침식이 과거 충돌의 흔적을 지운다. 화산 폭발이 일어나 용암으로 크레이터를 완전히 뒤덮을 수도 있다. 지표면의 70퍼센트는 바다로 되어 있으니 크레이터가 만약 대양 바닥에 있다면 그것은 발견하기가 더 힘들 것이다. 무엇보다 1980년대에는 위성을 통한 원격 탐사가 아직 제대로 시작되기 전이므로, 연구선이 대양 바닥을 산산이 뒤질 수밖에 없었다. 운이 아주 나쁜 경우 소행성이 하필 한 대륙판이 다른 대륙판 밑으로 파고드는 지역에 떨어졌을 수도 있다. 그렇게 되면 수백만 년이 흐르면서 크레이터는 지구 내부로 완전히 사라졌을 것이고 형체를 알아볼 수 없게 되었을 것이다.

크레이터의 발견

적절한 크레이터를 발견할 수 있다면 아버지와 아들 앨버레즈이 이론이 멋지게 확인될 텐데! 하지만 그런 크레이터가 부재한다고 충돌의 명제를 완전히 폐기해야 하는 것은 아니었다. 무엇보다 점점 더 많은 간접 증거들이 그 명제를 뒷받침한다면 말이다. 원래 월터 앨버레즈가 비정상적으로 많은 이리듐을 측정했던 이탈리아의 구비오 Gubbio 지역 외에 세계의 다른 장소들에서도 지질학자들은 이례적으로 많은 양의 이리듐이 퇴적되어 있는 것을 발견했다. 비정상적으로 많은 이리듐은 세계적인 사건에서 비롯된 것이 틀림없었다.

이후에도 K/T 경계층에서 재로 이루어진 얇은 층이 발견되었는데 이 역시 세계적으로 나타났다. 6500만 년 된 재가 세계적으로 발견된다고? 이것은 소행성과 지구가 충돌하여 세계적인 화재가 났을 경우 예상되는 바와 정확히 일치했다. 증거의 행렬은 계속 이어졌다.

정말로 충돌이 있었고 그것 때문에 대량 멸종이 일어났다는 암시가 속속 등장했다. 그러나 반대편의 논지도 만만치 않았고, 크레이터 없이는 그들을 설득시킬 수 없어 보였다. 그러고 나서 1991년, 마침내 크레이터가 발견되었다.

멕시코 유카탄 반도의 사진을 보면 그곳에 200킬로미터 크기의 크레이터가 있다는 것이 전혀 짐작이 가지 않는다. 특별한 도구 없이는 육안으로 분간하기 어렵다. 그러나 그곳에는 크레이터가 있다! 이미 1940년대에 학자들은 그 지역 표면 깊은 곳의 밀도와 중량이 눈에 띄게 높은 것을 발견했다. 그곳을 구성하는 암석은 특별했고, 이상하게 농축되어 있었다. 그럼에도 당시 지질학자들은 암석 자체의 연구에 별 관심이 없었다. 그들은 멕시코 석유협회의 의뢰로 일하고 있었던 것이다. 즉, 그들에게는 석유를 찾아내는 임무가 있었고, 그 땅이 밀도가 이상적으로 높다는 결과가 나오자 석유가 있을 가능성이 높다고 보고 그곳을 판 것이다. 그런데 석유는 나오지 않고, 이상한 암석만이 버티고 있었다. 당시 학자들은 이것이 화산 폭발로 인한 것이라고 추측했다. 어쨌든 석유는 없었고, 그런 데이터는 회사 내부 서류에만 기록되고 결코 공개되지 않았다.

그러다가 1981년에 비로소 그곳의 밀도가 이상하게 높다는 것을 알고 있던 두 명의 멕시코 지질학자가 그곳이 소행성 충돌 분화구가 아닐까 하는 생각을 하게 되었다. 그들은 그런 가설을 학회에서 발표했지만 전혀 주목받지는 못했다. 루이스와 월터 앨버레즈가 유력한 크레이터를 그토록 열심히 찾아 다니고 있었는데도, 그들 부자와 이

학자들은 쉽사리 연결되지 못했던 것이다.

멕시코의 땅속에 있는 크레이터가 얼마나 오래된 것인기 정만이지 아무도 몰랐다. 해당하는 데이터와 암석 표본은 멕시코 석유협회의 자료실에 보관되었고 쉽사리 학자들의 눈에 띄지 않았다. 그러나 그 뒤 어느 시기에 학자들은 멕시코에 이르게 되었다. 이 지질학자들은 당시 세계 전역에서 지질학적 퇴적층이 얼마나 두꺼운지를 연구하고 있었다. 두꺼운 퇴적층은 그 지역에서 충돌이 있었음을 암시하는 것이었다. 충돌 자리 근처에서는 충돌 당시 날아간 물질들이 쌓여 다른 곳보다 퇴적물이 두꺼워질 터였다. 그리고 퇴적층 측정 결과 크레이터는 멕시코 부근 어딘가에 있을 것으로 보였다.

학자들은 드디어 결국 암석 표본을 찾아냈다. 암석 표본은 수년 간 석유협회 직원의 책상 위에서 책을 괴는 용도로 사용되고 있었다. 멕시코 크레이터의 연대는 예상과 일치했다. 크기도, 상태도 예상과 일치했다. 정말로 그것은 6500만 년 전 공룡을(그리고 다른 많은 종을) 멸종시켰던 충돌의 흔적이었던 것이다! 소행성 충돌과 같은 세계적인 참사는 지질학과 생물학에서 중요한 역할을 했다. 학자들은 이제 찰스 라이엘이 19세기에 변화를 가져오는 유일한 설명으로 보았던, 기나긴 세월에 걸친 느린 과정이 현실에 대한 완벽한 상을 제공해주지는 않는다는 사실에 적응해야 했다.

대량 멸종은 주기적으로 일어날까?

생각의 전환이 일어나고 학자들이 소행성이 공룡들을 몰아냈다는 이론에 익숙해지기도 전에, 미국의 생물학자 두 명은 훨씬 더 대담한 의견을 들고 나왔다. 그들은 대참사가 일회적인 사건이 아니며, 그런 사건은 주기적으로 반복된다고 주장했다. 대량 멸종은 정기적으로 일어난다는 것이었다! 황당무계하게 들리지만 데이비드 라우프David Raup와 잭 셉코스키Jack Sepkoski는 정말로 그렇게 천명했다. 그들은 모든 알려진 화석들의 연대를 분석했고, 생물이 아무 때나 멸절한 것이 아니라 약 2600만 년에 한 번씩 그렇게 되었다는 것을 확인했다. 충돌설을 신봉하는 학자들조차 받아들이기 힘든 급진적인 의견이었다.

루이스 앨버레즈는 이런 명제를 말도 안 되는 것으로 여겼다. 대체 무엇이 2600만 년에 한 번씩 대량 멸종을 가져왔단 말인가? 물론 소행성이 지구와 충돌할 수 있다. 그러나 그것은 미리 예측할 수 없고 더더구나 정기적으로는 일어날 수 없는 매우 카오스적인 일이다! 주기적으로 소행성들이 지구에 떨어지게 하는 과정은 있을 수 없으니 라우프와 셉코스키의 논문은 말도 안 되는 것이다! 그러나 앨버레즈의 동료이며 예전 제자인 천문학자이자 문리하기 리치ㅡ 늂러 Richard Muller는 그럴 가능성도 완전히 배제할 수 없다는 의견을 드러냈다. 대량 멸종이 주기적으로 일어났다면, 소행성이 주기적으로 지구와 충돌하는 과정도 있지 않겠느냐는 것이었다. 이제 그것이 어떤 과정인지를 규명하기만 하면 된다는 것이었다.

"오케이, 그럼 한번 규명해봐." 앨버레즈가 말했다. 그러자 뮬러는 즉흥적으로 이렇게 대답했다. "태양이 홀로 있는 별이 아니라 이중성계를 이루고 있다면 어떨까? 두 번째 별이 아주 멀리 있고 아주 작아서 우리가 그 별을 여태까지 간과해왔다면? 그리고 그 별이 2600만 년에 한 번씩 태양에 가까이 오면서 소행성들의 궤도를 방해해서 평소보다 많은 소행성이 지구 가까이 오게 되고, 그렇게 지구와 충돌한다면?"

네메시스는 있는가

앨버레즈와 뮬러 사이의 즉흥적인 대답으로 시작된 논쟁은 빠르게 매력적이고 디테일한 천문학적 명제로 부각되었다. 실제로 다수의 별은 이중성계 내지 다중성계에 속해 있다. 홀로 있는 별들이 오히려 예외적이다. 만약 태양이 혼자 있지 않다면 어떠할까? 저 밖에 정말로 태양보다 작으면서 중력적으로 태양과 연결되어 있는 다른 별이 있을 수도 있다. 그 별 역시 행성들처럼 태양 주위를 돌 수도 있으며, 그의 궤도는 오르트 구름 근처까지 이를 수도 있다. 그러면 그 별은 오르트 구름 속의 혜성들을 방해하고 그들의 궤도를 엉망으로 만들어서 많은 혜성을 태양계 내부로 보낼 수 있고, 그중 몇 개가 지구와 충돌하여 대량 멸종을 유발할 수도 있다.

뮬러와 동료들이 이런 시나리오의 디테일한 부분까지 구상하는 데는 시간이 좀 걸렸다. 하지만 그것은 정말로 개연성이 있는 이야기였다! 지질학자들도 점점 더 많은 간접 증거들을 발견했다. 2600만 년이라는 주기는 또한 지구상의 충돌 크레이터들의 연대에 맞아들어가는 것처럼 보였다. 크레이터들은 과거의 어느 순간에 우연적으로 탄생한 것이 아니라, 마찬가지로 2600만 년 주기로 탄생한 것처럼 보였다. 대량 멸종을 자세히 연구한 결과 한 번의 커다란 멸종이 있었던 것이 아니라, 여러 번 짧은 시기를 두고(최소한 지질학적 연대 기준으로) 연달아 일어났다는 암시들이 있었다. 혜성들이 주기적으로 지구와 충돌했다고 가정할 때 기대할 수 있는 결과였다.

그러나 1980년대에 이르러 공룡들이 소행성 충돌로 말미암아 멸종되었다는 가설 자체가 이미 강한 저항에 부딪혔다. 그러니 '네메시스(태양이 이중성계에 속해 있다고 가정할 때 태양을 동반하는 또 하나의 별은 네메시스라는 이름을 얻었다)'의 형편은 어떠했겠는가? 네메시스의 존재는 더 강하게 거부되었다. 모든 간접 증거들은 소용이 없었다. 필요한 것은 그 별 자신이었다! 만약 정말로 그런 별이 있다면 그 별을 어렵지 않게 찾을 수 있어야 하지 않을까? 수백만 광년, 수십억 광년 떨어진 은하까지 사진을 찍을 수 있는 마당에 바로 집 앞에 있는 별 하나를 찾아내는 것은 식은 죽 먹기여야 했다!

그러나 유감스럽게도 그 일은 말처럼 간단하지 않다. 천문학자들이 확신할 수 있는 것은 우선 어느 별의 밝기일 따름이기 때문이다. 가령 어떤 별이 하늘에서 엄청 밝게 빛나는 것은 그 별이 아주 가까이에 있기 때문일 수도 있다. 하지만 그 별이 아주 멀리 있지만, 대신에 엄청나게 큰 별이라서 밝게 빛날 수도 있다. 일단 그것을 구분할 수가 없다. 거리를 알지 못하니까 말이다.

하늘의 사진을 찍는 것은 문제가 없다. 아주 작은 별까지 사진에 담을 수 있다. 그러나 사진에 보이는 빛의 점들이 태양에서 얼마나 멀리 떨어져 있는가를 알아내는 것은 까다롭고 시간이 필요한 일이다. 별들은 아주 많다! 네메시스라는 별이 있다면, 우리가 여태 그것을 태양계의 일부로 인식하지 못했을 따름이지 천문학자들의 자료실과 데이터 뱅크에 이미 엄청난 양의 사진들이 있을 것이 틀림없다. 따라서 아직 네메시스를 발견하지 못한 것이 네메시스 이론을 폐기할 이유는 되지 않는다. 그러나 그것은 그 이론에 대해 회의적일 충분한 이유는 된다. 우리가 네메시스를 의심할 바 없이 증명하지 못한다면 많은 간접 증거들이라도 있어서 그것을 뒷받침해주어야 한다. 그렇게 특이하고 스펙터클한 명제가 받아들여지려면 많은 증거가 필요한 것이다.

뮬러 팀이 첫 번째 의견을 개진하고 나서 몇 년 지나자 네메시스에 대해서는 잠잠해졌다. 네메시스는 아무 데서도 발견되지 않았고,

그 이론을 다른 방법으로 확인할 수도 없었다. 네메시스를 찾지 못한 건 네메시스가 존재하지 않기 때문일 것이다. 하이델베르크 소재 막스 플랑크 천문학연구소의 천문학자 코린 베일러-존스Coryn Bailer-Jones는 2011년 지구상의 유명한 크레이터들의 연대를 다시 한 번 통계 내어 새롭게 분석했는데, 그 결과는 힘이 빠지는 것이었다. 1980년대에 발견되었던 주기성은 통계를 제대로 분석하지 못해서 나온 결과일 뿐, 사실은 크레이터들이 주기적으로 생겨났다고 가정할 이유가 없어 보인다는 것이었다.

이제 네메시스 이론은 완전히 죽어버리지는 않았어도 거의 수그러들긴 했다. 화석 데이터를 토대로 한 라우프와 셉코스키의 통계는 여전히 존재하지만, 화석 혹은 크레이터에 대한 데이터가 적고 틈새가 많기에 그로부터 이성적인 통계적 결론을 끌어내기는 어렵다는 것이 일반적인 평이었다. 확실한 결과는 가이아GAIA 우주망원경이 미션을 완료하는 2010년대 말쯤에야 나올 것이다.[18] 가이아 우주망원경은 은하수의 별들을 전례 없을 정도로 정확하게 측정하는 것을 목표로 하기에, 정말로 네메시스가 존재한다면 가이아의 눈에 띄지 않을 수가 없다.

그러나 네메시스가 없다고 하여도 우리는 오늘날 과거에 지구는 계속하여 소행성과 혜성과 충돌했음을 확실히 알고 있으며, 이런 충돌이 지구와 지구상의 생물들의 역사에 중요한 역할을 했음을 알고

---

18 미션의 시작은 2013년 5월로 예정되어 있었다.

있다. 그리고 이런 충돌이 오늘날에도 계속되고 있다는 것도 알고 있다. 그것은 밤하늘의 별똥별만 보아도 알 수 있는 일이다. 앞으로 그런 충돌이 더 이상 없으리라는 보장이 없다는 것도 물론 알고 있다. 확실히 저 바깥에는 여전히 무수한 소행성과 혜성들이 있고, 이들은 행성들과 충돌할 수 있고 충돌하고 있다. 이것은 1994년 여름 슈메이커-레비 9 혜성이 목성과 충돌했을 때 여실히 드러났다(사진 5 참고). 목성은 딱딱한 표면이 없는 가스 행성이라 충돌 크레이터(충돌구, 충돌 분화구) 같은 것은 남지 않았지만, 목성의 대기에 약 1만 2000킬로미터 크기의 짙은 색 영역이 생겨났다. 우리 지구보다 더 큰 크기이다. 이런 충돌로 방출된 에너지는 히로시마 원자폭탄 5000만 개가 폭발했을 때와 맞먹는다! 앞으로 커다란 천체가 지구와 충돌하리라는 것은 기정사실이며 단지 시간문제일 따름이다. 그런 일은, 아주 먼 미래에라도, 반드시 일어난다. 그러나 우리 인간은 공룡보다 준비가 더 잘되어 있다. 이 이야기는 4부에서 본격적으로 하기로 하자.

4부

지구 멸망에 대한 변호

지구가 가까운 미래에 미지의 행성과 충돌한다는 주장을 설파하거나 믿는 사람은 대부분 하늘에서 일어나는 과정에 대해 잘 알지 못한다. 그들은 태양계가 무슨 온갖 교통수단으로 붐비는 대도시의 거리나 되는 것으로 상상한다. 행성들은 자동차들처럼 서로를 가로질러 맘대로 질주하고, 때때로 구석 어디에선가 불쑥 나타나 지구와 충돌한다는 식이다. 그러나 현실은 완전히 다르다. 행성들(그리고 다른 모든 천체들)은 태양계 안에서 그렇게 단순하게 내키는 대로 움직일 수가 없다. 행성들은 자연 법칙에 복종하며 행성의 운동은 그들에게 미치는 중력에 의해 결정된다.

소행성의 운동에 영향을 끼치는 방법

지구 멸망을 앞두고 있다고 생각해보자. 앞에서 살펴보았던 많은 소행성 중 하나가 정말로 지구와 충돌하려고 한다. 예쁜 별똥별이 되는 작은 먼지 뭉치 정도가 아니고, 대기 중에서 산산조각나서 인상적인 불꽃놀이를 연출하는 몇 미터 정도의 암석 덩어리도 아니다. 대기를 질주하여 지표면에 부딪혀 가공할 참사를 빚을 엄청난 크기의 소행성이다. 우리는 정확히 무슨 일이 있을지 알지 못한다. 지역적 파괴로 그칠까, 아니면 전 지구가 결단날까? 그것은 소행성이 어떤 물질로 되어 있느냐에 달려 있다. 멀리서는 확인하기가 쉽지 않다. 하지만 어쩌면 6500만 년 전 공룡을 싹쓸이했던 것과 비슷한 정도의 엄청난 파국이 일어날 수도 있다. 이제 어떻게 해야 할까? 피할 수 없는 것에 순응하고 지구에서의 마지막 날들을 즐겨야 할까? 공포에 덜덜 떨어야 할까? 벙커를 지어야 할까?

인간이 막을 수 있는 유일한 재해

일단은 진정하는 것이 필요하다. 소행성 충돌은 단연 특급 자연재해다. 소행성 충돌만이 인간의 문명을 완전히 쓸어버릴 수 있다. 화산 폭발도 지진도 홍수도 그렇게 하지 못한다. 하지만 좋은 소식이 있다. 소행성 충돌은 인간이 막을 수 있는 유일한 재해라는 것! 물론 쉽지는 않지만, 인류의 운명이 달린 문제라면 노력을 기울여야 할 것이다. 마구 의욕이 샘솟지 않는가! 그렇다면 다가오는 지구 멸망을 피하기 위해 무엇을 할 수 있을까? 할리우드 영화에서 보면 우주선에 원자폭탄을 실어 보내 원자폭탄으로 소행성을 공중분해해버리는데, 실제로도 그렇게 해야 할까? 그러나 그런 것은 영화에나 적합하지 실제로 지구를 구하는 데는 적합하지 않다.

그런 행동은 오히려 이런 상황에서 할 수 있는 가장 멍청한 일이라 할 수 있다. 소행성은 크다(그렇지 않으면 별로 문제가 되지 않을 것이다). 그것도 아주 크다. 그러므로 소행성의 구성 성분을 제대로 알지 못하고 탑재한 원자폭탄이 소행성을 완전히 가루로 만들어버릴 것이라고 자신할 수 없는 상태라면 원자폭탄은 동원하지 않는 편이 낫다. 그렇지 않으면 하나의 커다란 소행성 대신 여러 개의 소행성 파편들이 지구와 충돌하게 될 것이고, 결과는 더 나빠질 수도 있기 때문이다. 소행성을 파괴하는 데만 신경을 곤두세워서는 안 될 것이다. 파괴는 해답이 되지 못한다. 이 불쌍한 바윗덩어리가 일부러 우리를 멸망시키려고 달려드는 것도 아님을 감안해(!) 망가뜨리는 대신 피해 가는 편이 더 좋을 것이다. 충돌은 지구와 소행성이 적절한 시간에, 적절한 장소에서 만나야만 가능하기 때문이다. 아니, 부적절한 시간에 부적절한 장소에 있어야만 가능하다고 말해야 하나?

지구는 1초에 약 30킬로미터씩 우주를 질주한다. 그러므로 지구가 자신의 지름에 해당하는 구간을 나아가려면 7분이 좀 넘게 걸린다. 소행성이 바로 이 시간만큼 더 빨리, 혹은 더 늦게 도착한다면 충돌을 피할 수 있다. 따라서 소행성이 약간 빠르거나 느리게 여행한다면, 지구와 충돌하지 않고 무사히 지구 곁을 통과하게 된다. 그러므로 어떻게 하면 소행성의 속도를 늦추거나 반대로 빠르게 할 수 있을지를 생각해야 한다. 할리우드 영화에서 볼 수 있는 원자폭탄의 향연 대신에 이성적이고 실현 가능한 방법들이 분명 있다.

물론 소행성을 약간 밀 수 있다면 가장 간단할 것이다. 안 될 이유가 뭐란 말인가? 강한 로켓 엔진을 탑재한 탐사선을 소행성에 보내서 소행성에 엔진을 고정시키고는 엔진을 가동시켜 소행성을 약간 미는 것도 가능하다. 그렇게 하여 소행성의 운동 속도를 더 더하거나 줄일 수 있다.

한층 더 섬세한 방법들도 있다. 방금 제시한 방법처럼 로켓 엔진으로 소행성을 밀기 위해서는 연료가 필요하고, 우리는 연료까지 소행성으로 실어보내야 한다. 연료를 많이 보내야 할수록 일은 더 복잡해지고 비용이 상승한다. 그러므로 복잡한 엔진을 설계하고 그 엔진을 연료와 함께 소행성으로 실어보내는 대신, 소행성에 무엇인가를 투척하여 소행성의 속도에 영향을 끼칠 수 있다면 좋을 것이다. 무엇이든 충분히 크고 무거운 것이면 된다. 충분히 크고 충분히 빠른 것이 소행성과 부딪힌다면 충돌의 힘으로 소행성의 방향을 바꿀 수 있다. 중간에 있는 더 작은 소행성을 잡아채어 문제의 소행성에 던지는 방법도 이런 '운동에너지 충돌kinetic impact' 방법에 속한다. 더 간단한 방법도 가능하다. 태양의 힘을 이용하는 것이다. 태양은 빛을 발할 뿐 아니라, 햇빛이 직접적으로 에너지로 변환될 수도 있기 때문이다.

햇빛을 전기로 변화시키기 위해 오늘날 지구에서 활용되는 것처럼 소행성에 솔라 패널이나 태양전지 시설을 해야 한다는 말은 아니다. '직접적'인 것은 말 그대로 '직접적'인 것이다. 빛은 작은 빛의 입자, 즉 '광자'로 구성된다. 어딘가에 부딪히면 광자는 반사되거나 흡수된다. 가령 거울은 자신에게 부딪혀오는 (거의) 모든 광자들을 되돌려 보낸다. 그뿐만이 아니다. 광자는 약간의 에너지를 가지고 있고 그로써 '충격량(임펄스impulse)'를 갖는다.[19] 이제 광자가 어딘가에 부딪히고 반사되면 광자는 되튀어 날아가는데, 이때 운동 방향이 바뀌면서 충격량 전달이 이루어지고 이를 통해 힘이 행사된다. 원칙은 앞서 언급한 '운동에너지 충돌'과 같다. 커다란 천체를 소행성에 던짐으로써 소행성의 궤도를 바꿀 수 있는 것처럼 작은 광자들이 거울에 도착하면 광자들은 아주 조금이지만 소행성의 위치를 변화시킬 수 있다.

만약 태양 바로 앞에 거울을 설치한다면, 햇빛이 서서히 태양으로부터 거울을 밀어낼 것이다! 태양은 바람과 같고 거울은 배와 같다.

---

19 광자의 경우 에너지를 광속으로 나눈 값에 해당한다.

물론 각 광자가 행사하는 힘은 아주 약하므로 충분한 광자를 포획하여 정말로 뭔가를 움직이려면 아주 커다란 배가 필요할 것이다. 이런 방법은 가능하며, 위성으로 이미 테스트된 바 있다. 물론 위험한 소행성을 궤도에서 이탈시킬 수 있으려면 태양의 배는 어마어마하게 커야 할 것이다. 그러나 아주 얇고 그다지 무겁지 않아도 된다. 그런 거울을 소행성에 고정시키면 태양이 나머지 일은 해결해줄 것이다.

태양광선을 다른 방법으로 활용할 수도 있다. 태양은 빛을 발할 뿐 아니라, 열을 내 천체를 덥히기도 하기 때문이다. 그러나 천체는 고르게 덥혀지지 않는다. 우리가 태양을 보고 서면 가슴은 따뜻해지지만 등 쪽은 우선 서늘하다. 천체도 마찬가지라서 늘 반쪽만 빛을 받는다. 지구에서 빛을 받는 쪽은 낮이고, 반대쪽은 밤이다. 소행성도 마찬가지다. 물론 소행성은 훨씬 더 빨리 돌아서 한 바퀴 도는 데 불과 몇 시간 걸리지 않는다. 낮과 밤이 빠르게 교대된다. 태양을 보는 쪽은 더워지지만, 더운 쪽은 계속 돌아서 금방 밤이 되고 도로 식어버린다. 열은 계속하여 방출된다. 뜨거울수록 더 잘 방출된다. 따라서 소행성의 따뜻한 쪽이 차가운 쪽보다 더 많은 열을 방출한다.

열은 다름 아닌 적외선이고, 적외선은 우리 눈으로는 감지할 수 없지만 빛이다(뱀 같은 동물은 적외선을 눈으로 감지할 수 있다). 방출되는 복사열, 즉 적외선은 광자로 이루어지며 소행성이 광자를 방출하면 —태양의 배에서처럼— 작은 힘이 행사된다. 천천히 회전하는 지구와 같은 커다란 천체에서는 이런 힘이 시간이 흐르며 상쇄되고 별다른 역할을 못한다. 소행성의 경우는 지구와 다르다. 뜨거운 부분과

차가운 부분이 우주로 방출하는 적외선의 강도가 서로 다른 것이 소행성을 움직일 수 있다(적외선이 많이 나오는 방향의 반대 방향으로 힘을 받게 된다). 이 이론은 이를 발견한 학자의 이름을 따 '야르콥스키 효과Yarkovsky effect'라 부른다. 이 효과는 실제로 소행성에서 측정됐다.

직경이 약 1킬로미터 크기의 소행성(이 정도면 지구와 충돌했을 때 세계적인 파국을 빚을 수 있는 천체이다) '골레프카Golewka'의 경우를 예로 들 수 있다. 골레프카의 위치는 1991년에서 2003년까지 정확히 관측되었는데, 마지막에 학자들은 골레프카가 원래 있어야 할 자리에서 3.7미터 떨어져 있는 것을 확인했다. 그리고 그 현상을 바로 야르콥스키 효과로 설명할 수 있었다. 3.7미터면 그리 긴 거리는 아니다. 하지만 충돌할 것인가, 아무 일 없이 스쳐갈 것인가를 좌우하기에는 충분한 거리다. 그리고 소행성 충돌을 피하기 위해서는 야르콥스키 효과를 의도적으로 투입해야 할 것이다. 그것은 전적으로 가능한 일이다.

소행성 충돌을 피하기 위해 우리는 소행성에 엔진을 장착할 필요도 없고 어마어마한 거울을 장착할 필요도 없다. 우리는 복사열을 강하게 만들거나 약하게 만들기 위해 소행성을 알맞은 색깔로 칠하기만 하면 된다. 그렇게 하여 야르콥스키 효과를 북돋울 수도 있고 감소시킬 수도 있으며 소행성 운동을 감속시키거나 가속시킬 수 있다. 소행성을 칠하는 작업조차 쉽지 않다면, 우리는 더 간단하게 소행성의 충돌을 피할 수 있다. 크고 멋진 우주선을 제작하여 소행성 쪽으로 날아간 다음…… 아무것도 하지 않지 않으면 된다. 정말이다. 아무것도 할 필요가 없다.

가장 중요한 것은 무엇인가

아무것도 하지 않는 것, 그것은 모험으로 가득한 할리우드 액션 영화의 줄거리로는 적당하지 않다. 하지만 물리학으로 말할 것 같으면 '아무것도 하지 않는 것'으로 충분하다. 바로 중력이 있기 때문이다! 모든 물체는 중력으로 서로를 끌어당긴다. 무거울수록, 가까이 있을수록 중력은 더 커진다. 사과가 나무에서 떨어질 때 사과가 땅에 이끌릴 뿐 아니라, 땅도 사과에 눈곱만큼 이끌린다. 물론 우리의 일상에서 모든 물체는 지구와 비교할 때 아주 작고 가볍다. 그래서 모든 것이 아래로 떨어지며, 지구의 중력을 극복하려면 애써 힘좋은 로켓을 제작해야 하는 것이다.

하지만 상대가 비교적 작은 행성이라면 어떨까? 또 우리가 아주 무거운 우주선을 제작한다면? 그러면 우주선과 소행성이 서로를 끌어당기는 힘을 이용해 우주선의 중력이 보이지 않는 밧줄처럼 천체를 위험한 영역으로부터 끌어서 당길 수 있을 것이다. 이 경우 우주선은 아주 오랫동안 아무것도 할 필요 없이 거기에 있기만 하면 되는 것이다.

소행성에 착륙하다

지금까지 소개한 모든 방법은 공통점이 있다. 각각 작은 힘만 만들어내 소행성의 운동을 아주 조금 가속시키거나 감속시키는 것이다. 그것은 분명 가능하다. 일찌감치 시작하기만 하면 된다. 충돌이 있기 오래전에 소행성이 아주 멀리 있을 때 소행성의 궤도를 바꾸기 시작하면 조금만 바꾸어도 충분하다. 따라서 충돌할 가능성을 일찍 알수록 힘을 덜 들일 수 있는 것이다. 나아가 우리가 소행성을 막기 위해 할 수 있는 가장 중요한 것은 어디까지나 하늘을 관찰하는 것이다! 그 일은 현재 아주 잘되고 있다. 천문학자들은 매일매일 소행성과 혜성을 추가로 발견한다. 개중에는 잠재적으로 위험이 될 수 있을 만큼 지구에 가까운 소행성도 많다. 1898년 칼 비트Carl Gustav Witt(그의 본업은 독일 연방의회의 속기사였다)가 지구와 가까운 첫 소행성을 발견한 이래, 지구와 가까운 소행성들이 많이 알려졌다.

1970년대 말에 이미 몇십 개가 추가로 발견되었다. 2004년 내가 소행성과 태양계 안쪽 행성 사이의 충돌 가능성에 대한 박사논문을 쓸 당시에는 이미 2787개가 알려져 있었고, 2011년에는 8000개를 넘어섰다. 천문학자들은 지구 가까이에 있는 소행성을 가능하면 많이 발견하는 것이 중요하다는 점을 전적으로 의식하고 있으며, 그 때문에 다양한 관측 프로그램을 시작했다. 이들 프로그램의 주된 과제는 새로운 소행성을 가능한 한 많이 발견하기 위해 계속하여 하늘을 관찰하는 것이다. 그것은 아주 힘든 일이고 별로 빛이 나지 않는 일이다. 다른 천문학자들이 멀리 있는 은하들의 비밀을 탐구하거나 낯선 항성계의 새로운 행성들을 발견하는 반면, 수행성 연구자들은 사고 보잘것없는 천체를 발견하고 분류하기 위해 연신 하늘의 이 부분, 저 부분의 사진을 찍어댈 수밖에 없는 것이다.

그럼에도 불구하고 다양한 소행성 탐색 프로젝트가 진행되고 있다. 가령 매사추세츠 기술연구소의 리니어LINEAR: Lincoln Near Earth Asteroid Research 망원경은 1996년부터 소행성을 찾을 목적으로 가동되고 있으며, 애리조나대학교의 '스페이스워치Spacewatch'는 더 오래된 프로젝트로 1980년부터 소행성을 탐색하고 있다. 최근 특히 성공적인 소행성 탐색 프로젝트는 호주에서 진행되고 있는 '카탈리나 스카이 서베이Catalina Sky Survey'라는 것으로 매년 400개 정도의 지구 가까운 새로운 소행성들을 발견해내고 있다. 물론 이런 본격적인 소행성 탐색 프로젝트 외에도 다른 관측을 진행하는 와중에 부수적으로 발견되는 소행성도 많다. 가이아 위성은 별들의 위치를 더 정확히 측정하는 과제를 안고 있는데, 그 과정에서 지금까지 알려져 있지 않던 소행성과 혜성 약 100만 개가량이 발견될 것으로 예상되고 있다.

그러나 가이아 위성이 발견하는 것은 무엇보다 멀리 떨어져 있어서 지구에는 별로 위험을 초래하지 않거나, 별로 많은 일을 할 수 없는 아주 작은 소행성이 대부분일 것이다. 천체가 클수록 밝기 때문에 커다란 소행성은 이미 거의 파악한 것으로 보이기 때문이다. 우주망원경 와이즈WISE는 2011년에 탐색 작업을 종료했는데 작업 중에 새로운 소행성도 많이 발견했다. 와이즈가 보내온 데이터로 지구 가까이에 직경이 1킬로미터가 넘는 소행성이 얼마나 많이 있는지를 추정해본 결과, 962개에서 1000개 정도인 것으로 예상할 수 있었다. 그리고 그중 911개를 우리는 이미 찾아냈다. 따라서 공룡 멸종 당시처럼 전 지구적 파국을 유발할 수 있는 소행성 중 90퍼센트 이상은 이미 파악된 것이다. 우리는 그들의 궤도를 알고 있고, 그들이 다음 몇십 년 내지 몇백 년간 우리에게 그다지 가까이 오지 않을 것임을 알고 있다.

따라서 잠재적으로 위험이 될 만큼 지구와 이웃한 천체들은 거의 모두 알고 있다. 그리고 천문학 기구들의 성능이 점점 좋아져서 위험을 적시에 발견하여 조치를 취할 가능성도 높다. 심각한 경우를 미리 한번 시험해보는 것도 좋은데, 사실 그 일은 이미 이루어졌다. 탐사선 '니어 슈메이커NEAR Shoemaker'는 1996년 소행성 에로스로 갔다(에로스는 칼 비트가 1898년 발견한 소행성이다). 원래는 소행성을 가까이에서 관찰하고 한 바퀴 돌려고 했던 것이었다. 하지만 이미 그곳에 가서 모든 것이 잘 진행되었던 터라 연구자들은 소행성 착륙을 시도해볼 수 있다고 생각했고, 2001년 2월 11일에 실제로 에로스 소행성에 안전하게 착륙하는 데 성공했다. 탐사선이 전혀 착륙할 준비를 하지 않고 갔는데도 말이었다.

소행성에 착륙한 것은 첫걸음에 불과하다. 다음으로 우리는 그의 궤도도 변화시킬 수 있다는 것을 알아내야 한다. 그것도 이미 작게는 시험이 이루어졌다. 2005년 7월 3일 미국항공우주국의 탐사선 '딥 임팩트Deep Impact'는 372킬로그램 무게의 충돌체를 템플 1 혜성으로 발사하여 충돌시켰고(사진 6 참고) 미미하게나마—시속 100만 분의 10킬로미터로— 템플 1 혜성을 가속시켰다. 그러나 수된 목표는 그 혜성의 궤도를 변화시키는 것이 아니었다. 충돌에서 생겨나는 파편들을 분석해서 혜성이 무엇으로 이루어져 있는지 더 정확히 규명하는 것이 목표였다.

한편 유럽우주기구ESA는 행성을 방어할 목적을 위해서만 진행되는 특별한 미션을 계획하고 있다. 이른바 '돈키호테 프로젝트'가 그것이다. 이 프로젝트에서는 두 탐사선 '이달고'와 '산초'를 소행성 하나에 근접시켜 이 소행성을 우선 정확히 연구하고 측정할 계획이다. 그 뒤 이달고를 이 소행성과 충돌시키고 산초는 거기서 무슨 일이 일어나는지, 운동에너지 충돌이 어떤 결과를 갖는지를 관찰하게 될 것이다. 돈키호테 프로젝트는 아직 계획 단계에 있다. 그러나 미션이 실행에 옮겨지면 우리가 현재 소행성의 궤도를 변화시킬 수 있는지, 그렇게 하기 위해 무엇이 필요한지 등을 정확히 알게 될 것이다.

행성은 불쑥 출현하지 않는다

소행성은 물론 실재하는 위험이다. 우리는 과거에 계속해서 충돌이 있었음을 알고 있고, 미래에도 그것을 배제할 수 없음을 알고 있다. 지진, 화산 폭발, 홍수와 마찬가지로 소행성 충돌은 우리가 정기적으로 싸워야 하고 해결해야 할 자연재해에 속한다. 그러나 확신해도 좋다. 우리는 이런 종류의 파국을 막을 지식과 기술을 가지고 있다.

언론에서 난무하는 세계 멸망 시나리오는 근거가 없는 것이다. 그런 시나리오에서는 태양계 바깥쪽에 미지의 행성이 있어서 지구의 안전을 위협한다고 본다. 그 행성은 '행성 X', '허콜루버스Hercolubus', 또는 '니비루Nibiru'라고 불린다. 예언자들의 말을 믿는다면 우리는 앞으로 얼마 지나지 않아 멸망할 것이다. 왜냐하면 지구는 이 행성과 충돌할 것이고, 아무도 이런 일을 막지 못할 것이기 때문이다. 그러나 다행히도, 우리는 세계 멸망 예언을 믿을 필요가 없다! 천문학을 조금이라도 아는 사람은 그들의 주장이 터무니없다는 것을 쉽게 알 수 있다!

자연 법칙을 따르는 행성

성신분석가인 임마누엘 벨리코프스키Immanuel Velikovsky가 1950년
대 초 사이비 천문학의 명제를 들고 등장한 이래 행성 충돌은 세계
멸망 시나리오의 주인공이 되었다. 당시 벨리코프스키는 금성은 진
짜 행성이 아니라 목성이 뱉어낸 것이며, 한동안 혜성이 되어 태양계
를 누비다 지구에 가까이 다가오면서 파국(무엇보다 성경에 나오는 노
아의 홍수)을 조장했다고 말했다. 그러나 어느 순간 그 혜성은 행성이
되었고 지금 있는 자리에서 안정된 상태로 태양을 돌게 되었다는 것
이다. 물론 벨리코프스키의 명제는 물리학과는 조금도 상관이 없다.
행성은 혜성과는 완전히 다른 천체이며, 그렇게 간단히 다른 행성으
로부터 삐져나올 수도 없다. 벨리코프스키는 물리학은 전혀 상관하
지 않고, 종교적 신화만을 연구하고 그 신화들에 기초하여 가설을 정
립했던 것이다.[20]

그러나 모든 물리학적·천문학적 오류와 불가능성에도 불구하고
벨리코프스키의 명제는 당시 대중적으로 엄청난 반향을 일으켰고,
오늘날까지도 그의 주장을 믿는 사람들이 많다. 그 뒤 벨리코프스키
의 길을 따르게 된 많은 이들은 행성이 우리 태양계에서 무질서를 유
발할 것이고 결국 지구와 충돌하게 될 것이라고 했다. 1978년에 그

---

20 그리스 신화에서 아프로디테(비너스)는 제우스(주피터)의 머리에서 태어났다. 그리하여
　 벨리코프스키는 금성도 목성에서 나왔다고 보았다.

러한 충돌이 있을 것이라는 예언이 있었다. 그런가 하면 1999년에도 개기일식을 계기로 행성 충돌에 대한 예언이 있었고 2000년, 2003년에도 종말론이 확산되었다. 그러나 이런 예언 중 어느 것도 실현되지는 않았으며 2012년 지구와 충돌한다던 '행성 X'를 둘러싼 소문 역시 순전히 상상에 의한 것으로 드러났다. 이런 주장으로 인해 패닉에 빠진다면 상상력이 풍부하거나 천문학에 대해 아무것도 알지 못하는 사람일 것이다. 그렇지 않다면 충돌에 의한 멸망을 두려워할 필요가 전혀 없음은 누구라도 금방 눈치 챌 것이다.

지구가 가까운 미래에 미지의 행성과 충돌한다는 주장을 설파하거나 믿는 사람은 대부분 하늘에서 일어나는 과정에 대해 잘 알지 못한다. 그들은 태양계가 무슨 온갖 교통수단으로 붐비는 대도시의 거리나 되는 것으로 상상한다. 행성들은 자동차들처럼 서로를 가로질러 맘대로 질주하고, 때때로 구석 어디에선가 불쑥 나타나 지구와 충돌한다는 식이다. 그러나 현실은 완전히 다르다. 행성들(그리고 다른 모든 천체들)은 태양계 안에서 그렇게 단순하게 내키는 대로 움직일 수가 없다. 행성들은 자연 법칙에 복종하며 행성의 운동은 그들에게 미치는 중력에 의해 결정된다.

1609년 요하네스 케플러는 행성 운동의 기본이 되는 법칙을 깨달았다. 케플러는 그의 동료 티코 브라헤의 탁월한 관측 데이터 덕분에 행성들이 지금까지 생각했던 것과 달리 원형 궤도로 태양 주위를 돌지 않고 타원형, 즉 타원 궤도로 공전한다는 것을 알아냈다. 또 그는 행성이 태양에 가까울수록 더 빨리 움직이고, 태양에서 멀리 있으면 더 느리게 움직인다는 것도 확인했다. 케플러는 1619년에 세 번째 법칙을 공개했는데, 그것은 행성이 태양을 공전하는 시간은 태양으로부터의 평균 거리에 달려 있다는 것이었다. 즉 태양에서 멀리 있는 행성은 가까운 행성보다 공전하는 데 더 오래 걸린다는 것이다. 가령 수성은 우리의 태양계에서 태양에 가장 가까운 행성이다. 따라서 가장 빨리 공전하는 행성이며 한 바퀴 공전하는 데 88일밖에 걸리지 않는다. 금성은 수성의 이웃으로 수성보다는 태양에서 더 멀리 있고 더 느리게 돈다. 금성의 1년은 225일이다. 지구는 알다시피 태양을 한 바퀴 도는 데 365일 걸린다. 그리고 태양으로부터 저 멀리, 지구보다 30배는 더 멀리 있는 해왕성은 아주 느려서 태양을 한 바퀴 도는 데 165년 걸린다.

케플러의 발견 이후 우리는 행성들이 정해진 궤도에서만 움직일 수 있음을 알고 있다. 몇십 년 뒤인 1687년에 아이작 뉴턴은 그 이유에 대해 설명했다. 뉴턴은 중력 법칙을 발견하여 케플러의 관찰에 수학적 토대를 놓았다. 모든 질량은 서로 끌어당기며 무거울수록, 그리고 서로 가까이 있을수록 더 강하게 끌어당긴다는 것이다. 1915년에 알베르트 아인슈타인은 뉴턴의 중력 법칙을 수정했고, 그 이후 두 천체의 중력적 상호작용을 정확히 묘사하고자 하는 경우에는 '일반 상대성이론'이 활용되고 있다. 그러나 몇몇 예외만 제외하고는 뉴턴과 케플러의 법칙으로 충분히 정확한 설명이 가능하다.

천체 운동에 대한 이런 지식만으로도 우리는 탐사선을 지구로부터 발사하여 적절한 속도, 적절한 방향으로 수개월 혹은 수년 뒤에 정확히 낯선 행성에 도착하게 할 수 있다. 일식과 월식을 초까지 정확히 예측하는 일도 가능해졌다. 지구와 달이 어떻게 움직이는지 정확히 알고 있기 때문이다. 중력 법칙은 우리의 일상에서도 하루에 여러 번 확인할 수 있다. 뭔가가 바닥에 떨어질 때 중력 법칙이 예견하는 바로 그 속도로 땅에 떨어지는 것이다. 낙하산을 타는 사람 역시 자신이 기대했던 속도로 땅으로 떨어지고 낙하산이 충분한 브레이크 효과를 낼 것이라는 것을 믿는다.

'행성 X'가 있을 가능성

행성 운동에 관한 이런 지식은 우리로 하여금 '행성 X'에 관한 주장을 이해하도록 도와준다. 일단 그것이 지구 주변에서 평화롭게 궤도를 돌고 있는 천체가 아님이 분명해지기 때문이다. 만약 그런 천체라면 오래전에 이미 발견되었을 것이고, 또 우리에게 위험이 될 수도 없을 것이다. 그러므로 행성 X가 있다면 아주 길게 뻗은 타원 궤도를 가지고 있어야 한다. 우리가 3부에서 살펴보았던 장주기 혜성들처럼 말이다. 이런 궤도에서 그것은 대부분의 시간을 태양으로부터 먼 곳에서 보낼 것이고 우리 눈에는 보이지 않을 것이다. 긴 궤도를 돌다 잠시 태양과 지구 가까이 오면 지구와 충돌할 수도 있다.

그러나 그런 궤도는 행성에게는 굉장히 특별한 것이다. 보통 행성의 궤도는 태양으로부터 가장 가까운 지점의 거리와 가장 먼 지점의 거리가 그렇게 많이 차이나 나지는 않는다. 지구는 태양과 평균 1억 5000만 킬로미터 떨어져 있으며 태양과 가장 가까운 지점은 태양에서 가장 먼 지점과 불과 500만 킬로미터 차이다. 다른 행성들도 원에서 많이 벗어나지 않는 궤도를 가지고 있다. 좋은 일이다. 그래야 그들이 서로 넘나들지 않고 몇십억 년간 태양 주위를 공전할 수 있다. 그러나 장주기 혜성들의 기다란 타원형 궤도—행성 X가 만약 있다면 그렇게 움직일 것이다—는 굉장히 불안정하다. 그런 궤도에서는 조금만 방해가 있어도 더 이상 태양을 돌지 않고 태양계 밖으로 궤도를 이탈해버릴 수 있다. 천체의 궤도가 더 길게 뻗어 있을수록 태양계에서 이탈하거나, 이런저런 행성과 충돌할 확률이 더 커진다.

태양계가 생성되던 시기에 그런 충돌이 잦았다는 것은 이미 살펴본 바 있다. 이젠 상황이 달라 안정된 궤도를 가진 행성들만 남았다. 따라서 실제로 행성 X와 같은 궤도를 가진 행성이 있다면, 그는 이미 몇십억 년 전 다른 행성과 충돌했을 것이다. 행성 X는 45억 년 동안 태양 주변을 몇백만 번은 공전했을 것이고, 따라서 몇백만 번은 태양계 안쪽을 횡단했을 것이다. 그리고 그 과정에서 불가피하게 충돌이 있었을 것이다.[21] 확률상 아주 희박하지만, 설사 행성 X가 오늘날까지 충돌하지 않았다 해도 우리는 그의 존재를 빠르게 배제할 수 있다. 모든 다른 천체들처럼 행성 X도 햇빛을 반사할 것이기 때문이다.

우리는 밤하늘에서 스스로 빛을 발하는 별뿐 아니라, 이런저런 행성들도 볼 수 있다. 망원경 없이 육안으로 수성, 금성, 화성, 목성, 토성을 보는 것도 가능하다. 금성이 가장 밝아서 '저녁별' 혹은 '새벽

---

21 오늘날 가설적인 행성 X와 비슷한 궤도를 가진 몇몇 천체들—가령 장주기 혜성들—이 있다. 그 천체들 역시 천문학적으로 보면 수명이 짧다. 어느 시점에 행성과 충돌하거나 태양에 흡수되거나 태양계에서 튕겨져 나간다. 그럼에도 불구하고 계속하여 그런 주기를 가진 천체들이 눈에 띄는 것은 오르트 구름에서 계속적인 공급이 이루어지기 때문이다.

별'이라 불린다. 금성은 밤하늘에서 달 다음으로 밝게 보이는 천체이다. 또 수성, 목성, 토성도 아주 밝아 하늘에서 도저히 그냥 넘겨버릴 수 없다(작은 수성만이 때로 찾기가 힘들다). 물론 천왕성과 해왕성을 보기 위해서는 망원경이 필요하다.

이제 행성 X가 진짜로 있다면 그것 역시 햇빛을 반사해야 한다. 행성 X가 하늘에서 얼마나 밝게 보이는가는 거리에 달려 있고, 거리는 계산할 수 있다. 우주의 다른 모든 천체들과 마찬가지로 행성 X도 중력과 행성 운동 법칙에 복종해야 한다. 그는 갑자기 지구 옆에 아무것도 없는 공간에서 불쑥 솟아오를 수 없으며 자신에게 상응하는 궤도를 통해 움직여야 한다. 이런 궤도는 케플러의 법칙 덕분에 계산할 수 있고, 그로써 행성 X가 특정 시점에 어디에 있어야 할지도 알 수 있다. 그리고 그가 햇빛을 얼마만큼 반사하는가는 우선은 크기와 표면의 특성에 달려 있다. 행성이 클수록 하늘에서 밝게 빛난다.

따라서 행성 X가 보통 크기의 보통 행성이고[22] 몇십 년 안에 지구 가까이 와서 소동을 일으키고자 한다면, 지금 벌써 목성 궤도쯤에는 있어야 할 것이고 망원경 없이도 하늘에서 분간할 수 있어야 할 것이다. 목성은 아무렇지도 않게 보인다(그림 6 참고). 그러므로 그 어떤 비밀조직이나 정부가 행성 X의 존재를 은폐하는 등의 일은 가능하지 않다. 그러려면 온 하늘을 덮어야 할 것이고 우리가 위쪽을 쳐다보

---

22 세계 멸망을 예언한 자들은 행성 X가 우리 태양계에서 가장 큰 행성인 목성보다 더 크다고 한다.

는 일을 금지해야 할 것이다. 밤마다 세계적으로 수만 명의 아마추어 천문학자들이 망원경 앞에 앉아 남반구와 북반구의 하늘을 관찰하며 지금까지 알려지지 않은 소행성이나 혜성을 탐색한다. 직업적 소행성 연구자들은 말할 것도 없다. 중요한 천체를 간과하지 않기 위해 많은 이들이 하늘을 체계적으로 탐색하고 있다. 때문에 아주 작은 소행성이라면 몰라도 몸집이 꽤 큰 행성, 게다가 육안으로도 볼 수 있을 행성을 간과하는 것은 불가능하다. 실제로 미지의 행성이 지구와 충돌할 가능성이 크다고 보일 만큼 다가오고 있다면 그것은 이미 미지의 행성으로 남아 있을 수 없고, 맑은 밤하늘에서 빛을 발해야 할 것이다. 그러나 그런 행성은 없으며 따라서 우리는 행성 X가 존재하지 않는다고 확신할 수 있다.

지금까지 알려지지 않은 물질?

그럴 리는 거의 없지만 행성 X가 만약 지금까지 알려지지 않은 물질로 되어 있어 빛을 반사하지 않는다고 해도 우리는 그 존재를 배제할 수 있다. 이런 조건을 상정하는 것은 이미 행성 X를 위해 지푸라기라도 잡고 있는 형국이지만, 그럼에도 그런 행성이 존재하는 것은 불가능하다. 사실 물질은 언제나 빛을 반사하기 때문이다. 반사하는 양은 달라도 언제나 그렇게 한다.

행성 X가 다른 행성들처럼 정상적인 물질로 구성되어 있다면, 행성 X는 눈에 보일 것이다. 그 점은 부인할 수 없다. 만약 눈에 보이지 않는 행성이라고 친다면 우리는 완전히 다른 형식의 물질을 상정해야 할 것이다. 기존에 알려진 물질들처럼 행동하고 행성도 구성하는 동시에 한편으로는 빛을 반사하지도 말아야 하고 전자기파를 반사하지도 말아야 한다. 외계의 물질을 고안해냄으로써만 그의 존재를 변호할 수 있다면 별로 승산이 없는 노릇이라 하겠다. 그럼에도 그 행성이 정말로 눈에 보이지 않는다고 해보자. 그런 경우에도 역시 우리는 그 행성이 존재하지 않는다고 확신할 수 있다.

왜냐하면 행성은 그가 반사하는 빛으로만 감지할 수 있는 것이 아니기 때문이다. 모든 질량은 중력을 행사하고 이런 중력은 여타 천체의 궤도에 영향을 주게 된다. 하늘에서 행성들의 위치를 규정하고 궤도를 계산하는 것은 천문학자들의 오랜 과제이다. 전에는 육안으로만 관찰할 수 있었고 그에 바탕이 되는 수학적 법칙은 알지 못했다. 그러나 아이작 뉴턴과 알베르트 아인슈타인이 얻어낸 중력에 대한 지식과 현대의 망원경 덕분에 우리는 행성들의 운동을 그 어느 때보다 정확히 계산할 수 있다. 이런 능력은 중요하다. 정확한 계산으로 인해 탐사선을 정확히 다른 행성에 착륙시키는 것 같은 일이 가능하기 때문이다. 태양계 그 어딘가에 아무도 알지 못하는 꽤 커다란 행성이 있다면, 그의 중력으로 말미암아 우리의 탐사선 중 어느 하나도 목표에 도달하지 못했을 것이다.

그뿐만이 아니다. 세계 곳곳에 있는 아마추어 천문학자들과 직업적 천문학자들은 기존의 행성들이 원래 있어야 할 자리에 있지 않음을 확인하게 되었을 것이다. 행성 X 정도의 커다란 천체는 지구를 비롯한 행성들의 궤도에 상당한 영향을 미쳤을 것이기 때문이다. 천체들의 위치를 표시하는 카탈로그를 작성하는 데 이런 요인을 고려하지 않으면 필연적으로 천체들의 궤도는 실제와 눈에 띄게 차이가 날 것이다. 행성 X가 심하게 길쭉한 궤도에서 오늘날까지 살아남을 수 있었다 해도, 행성 X의 구성 물질이 완전히 미지의 생소한 물질이라 보이지 않는다 해도, 중력은 숨길 수 없다.[23] 중력으로 인해 그 존재는 노출될 수밖에 없다. 중력의 이런 효과로 인해 과거에 모르고 있던 행성이 발견된 적이 이미 있었으며, 이것이 바로 '행성 X'라는 말이 탄생한 배경이다. 이 이야기는 세계 멸망을 예언한 자들이 고안한 모든 것보다 더 재미있으며 사이비 과학이 아닌, 진짜 천문학의 역사에 속한다.

---

[23] 가상의 행성이 중력과 무관하다 해도 지구와 충돌할 것을 걱정할 이유가 없다. 중력과 무관하다면 태양 중력의 영향을 받지도 않고 우리 가까이 올 수도 없을 것이기 때문이다. 눈에 보이지도 않고 우주와 전자기적 · 중력적 상호작용을 하지도 않는 천체는 어떤 잣대로 보아도 존재하지 않는 천체나 동일하다.

천왕성과 해왕성의 발견

모든 것은 1781년 3월 13일 천문학자 프레드릭 윌리엄 허셜이 영국 배스Bath에 있는 자신의 집 정원에서 밤 열 시에서 열한 시 사이에 망원경을 쳐다보면서 시작되었다. 허셜이 밤마다 망원경을 들여다본 것은 하늘에 보이는 별들에 대한 체계적인 카탈로그를 작성하여, 지구가 태양을 공전하는 동안 나타나는 별의 위치 변화를 측정하기 위해서였다('시차'에 대해서는 앞에서 이미 언급한 바 있다). 당시에는 아직 그런 작업이 이루어지지 않은 상태였고, 허셜이 최초로 그 일을 해낸다면 정말 대단한 업적일 터였다.

하늘을 탐색하면서 황소자리와 쌍둥이자리 근처에 이르렀을 때 허셜은 약간 특별한 것을 발견했다. 원래는 그곳에 속해 있지 않은 천체가 있었던 것이다! 처음에 허셜은 새로운 혜성을 찾은 것으로 생각했다. 혜성이 아니라면 그렇게 바깥쪽에 무엇이 운행하겠는가? 혜성이나 기껏해야 성운 중 하나일 것이었다.[24]

4일 후에 다시 한 번 하늘을 점검했을 때 허셜은 다음과 같은 사실을 확인했다. "나는 다시 한번 혜성 혹은 안개 같은 별을 찾아보았고 그것이 혜성임을 알았다. 움직였기 때문이다." 허셜은 왕립천문대의 천문학자 네빌 매스켈라인Nevil Maskelyne에게 자신의 발견을 알렸고, 4월 23일 그에 대해 약간은 헷갈리는 답을 받았다. "이 천체를 뭐라고 불러야 할지 잘 모르겠네요. 이것은 보통 천체처럼 원형으로 태양 주위를 돌 수도 있고, 혜성처럼 길쭉한 타원을 그릴 수도 있어요" 라는 대답이었다. 결국 러시아 수학자 앤더스 요한 렉셀Anders Johan Lexell이 이 천체의 궤도를 계산하고 토성 궤도 바깥에서 거의 원형으로 움직인다는 것을 확인했을 때에야 허셜이 근대 최초로 새로운 행성을 발견했음이 드러났다! 태양계는 지금까지 생각했던 것보다 훨씬 더 큰 것이었다. 토성 궤도 뒤에서 바로 끝나지 않고, 새로운 행성의 궤도까지 이어지는 것이었다. 이 새로운 행성은 약간의 논의 끝에 '천왕성Uranus'이라는 이름을 얻었다. 음악가로서 제대로 된 천문학 교육도 받지 않은 허셜은 단번에 당대 가장 유명한 천문학자가 되었으며, 그의 동료들은 천왕성을 연구하고자 열을 올렸다.

미지의 행성을 찾는 법

천왕성은 한편으로 또 다른 새로운 행성이 있을지 모른다는 가능

---

24 원래 성운은 은하수 안에 존재하는 가스와 먼지로 이루어진 성간 물질일 수도 있고, 은하수 밖 아주 멀리에 있는 다른 은하일 수도 있다. 성운의 정체가 확실히 밝혀진 것은 20세기 초였다. 그에 대해서는 6부에서 더 자세히 살펴보기로 하자.

성을 보여주었다. 허셜은 1787년에 다시 한 번 개가를 올려서 천왕성의 커다란 위성 두 개를 발견했다. 오베론Oberon과 티타니아Titania 가 그것이었다. 한편 천왕성은 천문학자들에게 걱정을 안겨주었다. 천왕성이 예상했던 대로 행동하지 않기 때문이었다. 이론가들이 계산한 천왕성의 위치는 실제와 달랐다. 마치 천왕성이 중력 법칙을 지키지 않으려고 반항하는 것 같았다. 계산 방법을 개선해보고, 천문학자들이 다른 행성들의 중력적 영향을 고려해보아도 도움이 되지 않았다. 어떤 학자들은 천왕성이 얼마 전에 커다란 혜성과 충돌해서 궤도가 바뀐 것으로 추측했고, 또 다른 학자들은 우주 바깥쪽의 '에테르'가 천왕성에게 약간 브레이크를 거는 것이 아니냐는 설을 내놓았다. 그러나 1830년대에 이르러서는 다른 가설이 점점 더 우세해졌다. 태양계에 미지의 행성이 하나 더 있어서 그 중력이 천왕성 궤도에 영향을 미친다는 가설이었다!

최초로 이런 문제와 심각하게 씨름한 사람은 영국의 존 카우치 애덤스John Couch Adams였다. 그는 1841년에 21세에 서점에서 천문학자 조지 에어리George Biddel Airy의 책을 접하게 되었는데, 그 책에는 천왕성의 궤도 문제를 당대 천문학이 해결해야 하는 최대 수수께끼로 소개하고 있었다. 애덤스는 이후 이 수수께끼를 무조건 풀고자 했고, 틈나는 대로 복잡한 수학 계산을 동원하여 천왕성의 궤도가 예상에서 벗어나는 것을 토대로 미지의 행성의 위치를 추론하고자 했다. 그러고는 1845년 일단 수학적 답을 얻은 뒤 그의 계산에 의거해 실제로 미지의 행성을 찾아줄 천문학자를 물색하기 시작했다.

그러나 애덤스는 운이 없었다. 케임브리지천문대 소장인 제임스 챌리스James Challis는 이런 가설적인 행성을 탐색하는 데 시간을 들일 마음이 없었고, 천문학자 에어리는 탐색을 할 용의는 있지만 그 전에 우선 수학적 계산을 더 보완해오라고 요구했다. 한편 도버해협(영국의 남동쪽과 프랑스의 북서쪽 사이의 해협) 저편에서는 일이 아주 다르게 진행되었다. 영국의 숙적 프랑스도 천왕성의 문제를 풀기 위해 나섰던 것이다.

무명이고 소극적인 편에 속하는 애덤스와는 달리 프랑스에서는 아주 야심차고 저명한 천체역학자 르 베리에Jean Joseph Le Verrier가 미지의 행성에 대한 수학적 탐색에 착수했다. 그러고는 1846년에 미지의 행성의 위치를 일단 수학적으로 상세히 예언해내는 데 성공했다. 일이 이렇게 되자 영국의 천문학자들은 자못 신경이 쓰이지 않을 수 없었다. 영국에서도 이제 미지의 행성을 찾는 데 좀 더 열을 올리기 시작했다. 그리하여 챌리스는 하늘에서 새로운 행성을 탐색하기 시작했으나 별 성과가 없었다.

상황은 르 베리에 쪽도 마찬가지였다. 르 베리에는 프랑스에서 자신을 뒷받침해줄 만한 천문학자를 찾지 못하자 독일 베를린의 요한 고트프리드 갈레Johann Gottfried Galle를 찾아갔다. 갈레는 르 베리에의 계산으로 무장하고 조수 하인리히 루이스 다레스트Heinrich Louis d'Arrest의 도움을 받아 1846년에 9월 23일 하늘에 있는 별들의 위치를 카탈로그에 있는 별들의 데이터와 비교하는 일에 착수했다. 힘든 작업이었다. 그러나 얼마 안 되어 갈레는 르 베리에가 예측한 바로 그 장소에서 카탈로그에 기입되어 있지 않은 밝은 점을 발견했다!

그렇게 천왕성 궤도에 장애를 초래하는 미지의 행성이 발견되었고 그 행성은 '해왕성Neptune'이라는 이름을 얻었다. 오늘날 우리는 갈레의 발견에 운이 많이 작용했음을 알고 있다. 당시 르 베리에나 애덤스의 계산은 그리 정확한 것이 아니었고, 그들이 계산한 새로운 행성의 궤도도 맞아떨어지는 것이 아니었다. 르 베리에의 예측이 그렇게 정확히 적중한 것은 우연이었다.

사실 해왕성은 하늘을 오랫동안 탐색하기만 했더라면 늦든 빠르든 발견되었을 것이다. 엄밀히 말해 제임스 챌리스도 갈레보다 훨씬 전에 해왕성을 발견할 수 있었을 것이다. 챌리스가 묘사한 카탈로그를 보면 해왕성이 두 번이나 그의 망원경의 시야에 잡혔다는 것이 드러난다. 그러나 그는 매번 그것을 새로운 행성으로 인식하지 못했다. 이로 인해 이후에 격한 논쟁이 벌어졌다. 영국은 독일, 프랑스가 새로운 행성을 발견하고 자신들은 실패했다는 것에 굴욕감을 느꼈기 때문이다. 그러나 천문학자들은 일단은 만족스러워했다. 이제 새로운 행성을 발견했고 태양계의 지평이 다시금 확대되었으니 말이다. 기존의 행성에 미치는 중력적 방해를 보고 실제로 '보이지 않는' 행성(해왕성은 육안으로는 보이지 않고 당시 성능 좋은 망원경으로 봐야지만 볼 수 있었다)을 찾아내는 데 성공했던 것이다!

명왕성이 행성 X일까?

해왕성을 찾아낸 기쁨도 잠시, 이론가들은 불쾌한 발견을 하게 되었다. 해왕성의 중력적 방해를 계산에 집어넣었는데도 빌어먹을 이 천왕성이란 놈은 계속 예상을 벗어나는 행동을 했던 것이다! 계산한 것과 실제의 차이는 적었다. 그러나 차이를 여전히 간과할 수는 없었다. 혹시 더 멀리에 미지의 행성이 또 하나 있는 것일까? '행성 X'에 대한 학문적 탐색은 이런 질문으로부터 시작되었다.

이 문제에 특히 열을 올렸던 사람은 미국인 퍼시벌 로웰Percival Lowell이었다. 1855년생인 그는 원래는 사업가였으며 취미로 천문학을 연구하던 사람이었다. 그러나 로웰은 상당히 부유하여 1894년 사업을 포기하고 전업으로 천문학 연구에 뛰어들었다. 천문대까지 세운 그의 원래 목적은 화성에 생물체가 있는지를 알아보려고 하는 것이었다. 프랑스 천문학자 까미유 플라마리옹Camille Flammarion의 책《화성La planète Mars》을 읽다가 이탈리아인 조반니 스키아파렐리 Giovanni Schiaparelli의 화성 관찰에 대해 알게 되었기 때문이다. 1877년 화성이 특히나 지구 가까운 위치에 있었기 때문에 스키아파렐리는 망원경으로 화성 표면을 상세히 관찰하고 책에 기록했다. 그는 화성에서 선형으로 된 구조를 관찰했고 이를 이탈리아어로 'canali'라고 표현했다. 이에 대한 정확한 영어 번역은 'channel', 즉 '하상(강바닥)'일 것이다. 그러나 그 말은 'canals', 즉 운하라고 번역되어 뭔가 인위적인 듯한 느낌을 불러일으켰다. 그렇게 화성인에 대한 신화가 생겨났고 퍼시벌 로웰은 누구보다 더 그 신화를 확산시키는 데 기여했다.

로웰은 이후 15년 동안 자신의 천문대에서 화성을 연구했고 계속하여 운하를 보았다고 주장했다(그림 7 참고). 그는 극심한 물 부족에 시달리는 화성 거주민들이 살아남기 위해 화성 극관(화성 극지방의 얼음이 덮인 지역)에 있는 적은 얼음을 사막 지역으로 끌어오기 위해 그런 운하들을 만들었다고 했다. 로웰은 운하뿐 아니라, '오아시스'도 보았다고 했다. 화성의 일 년 동안 오아시스에서 식물계가 변하는 것을 관찰했다고 주장한 것이다. 나머지 학자들은 회의적이었다. 아무도 로웰이 망원경으로 보았다는 구조를 발견할 수 없었고 그의 이야기를 진지하게 받아들일 수 없었다. 오늘날 우리는 로웰이 정말로 착각했다는 것을 알고 있다. 화성은 인공적인 운하 같은 것이 있을 수 없고 생명체가 없는 차가운 사막인 것이다.

천왕성 궤도의 수수께끼

로웰은 1906년에 다른 주제로 돌아섰다. 자신의 학문적인 신빙성을 다시 확보하려는 노력이기도 했으리라. 아무튼 그는 이번엔 천왕성 궤도의 수수께끼를 풀고자 나섰다. 진짜로 천왕성 바깥에 또 하나의 행성이 있다면 그것이 무엇인지 찾고자 했다. 이런 가설의 행성에 '행성 X'라는 이름을 붙인 것도 그였다. 'X'라는 것은 ─수학에서처럼─ 미지의 것을 상징했다.[25] 그는 관측 범위를 확대했고 미지의 행성을 찾아 하늘을 뒤졌다. 그러나 그가 1916년에 세상을 떠났을 때에도 행성 X는 여전히 밝혀지지 않은 상태였다.

그러는 동안 하버드천문대의 윌리엄 피커링William Pickering이 해왕성 궤도 바깥의 새로운 행성을 발견했음을 알렸다. 그러나 이런 '행성 O'(해왕성 'Neptune'의 N 다음에 온다는 이유로 알파벳 'O'를 썼다) 역시 화성의 운하와 마찬가지로 다른 천문학자들의 눈에는 띄지 않았다. 피커링은 그 뒤 행성 P·Q·R·S·T도 발견했다고 주장했으나 이 역시 아무도 확인할 수 없었다. 로웰이 사망한 지 거의 15년이 흐른 1930년에도 여전히 천왕성 궤도의 수수께끼는 풀리지 않았다. 그 동안에 베스토 슬라이퍼Vesto Slipher(그는 전에 에드윈 허블Edwin Hubble 과 함께 혁명적인 관측을 하고, 우주가 영원하고 변하지 않는 것이 아니라 계속 팽창하고 있으며 빅뱅으로 시작되었다는 인식을 내놓았다)가 로웰의 천문대 운영을 이어받아 젊은 클라이드 톰보Clyde Tombaugh를 고용했다. 톰보의 과제는 로웰이 했던 일을 계속하는 것이었다. 그리고 톰

---

25 당시 행성이 여덟 개 알려져 있었고 행성 X가 발견되면 아홉 번째가 될 것이었다. 따라서 행성 X의 X가 로마숫자 10을 의미한다는 주장은 맞지 않다.

보는 로웰과는 달리 성공을 거두었다!

빠듯하게 1년간 일한 뒤 톰보는 1930년 2일 18일 이전 사진과 비교하여 조금 이동해 있는 미세한 빛의 점을 발견했다. 행성 X는 그렇게 발견되었고 '명왕성Pluto'이라는 이름을 얻었다. 그러나 이미 명왕성이 작다는 것, 아주 작다는 것이 알려졌다. 명왕성은 천왕성의 궤도에 의미 있는 영향을 주기에는 너무 작았다. 이것은 1978년 제임스 크리스티James Christy가 명왕성의 달인 '카론'을 발견했을 때 명확해졌다. 학자들은 카론이 명왕성을 도는 공전 궤도로부터 명왕성의 질량을 계산할 수 있었고 그로부터 최종적으로 명왕성은 그동안 많은 이들이 그렇게 찾던 행성 X일 리가 없다는 결론을 내렸다. 1980년대에는 몇몇 소수의 천문학자들만이 천왕성의 궤도를 방해하는 행성을 진지하게 찾았고, 1989년에 드디어 탐사선 '보이저 2호'가 최초로 해왕성을 방문했다. 보이저 2호는 해왕성의 놀라운 사진을 찍었을 뿐 아니라 해왕성의 질량을 전에 없이 정확하게 계산해내기도 했다. 미국항공우주국의 제트 추진 연구소의 천문학자 마일스 스탠디시Myles Standish는 보이저 2호가 보내온 데이터에 근거하여 다시 한번 그 모든 일을 처음부터 계산했고, 1993년에 그 결과를 발표했다. 결과는 행성 X는 불필요하다는 것이었다. 새로 측정된 해왕성의 질량을 대입하니 천왕성의 궤도는 아주 정상적인 것으로 나왔다. 그러므로 천문학자들은 지난 몇십 년간 환영을 쫓은 꼴이 되었다.

미지의 행성을
두려워할 필요가 없는 이유

태양계를 샅샅이 탐색한 결과 우리의 뒤통수를 치는 미지의
행성은 존재하지 않을 것으로 보인다. 물론 천문학자들은 계속해서
미지의 행성을 찾고 있다. 우주는 크고 태양계 외곽 지역은 틀림없이
이런저런 놀라운 일을 제공할 수 있을 것이다. 그 가운데 미지의 행
성이 나타날 수도 있다! 2005년 7월 29일에는 정말로 우리가 태양계
의 새로운 행성에 인사를 해야 할 것처럼 보였다. 미국항공우주국은
'열 번째 행성 발견'이라는 제목의 보도자료를 내보냈다. 마이크 브
라운Mike Brown과 그의 동료 차드 트러질로Chad Trujillo, 데이비드 래비
노비츠David Rabinowitz가 카이퍼 소행성대에서 태양으로부터 지구보
다 100배 떨어져 있는 한 천체를 발견했다는 것이었다. 또한 그 천체
는 명왕성보다 크다는 것이었다!

명왕성이 진정한 행성이 아니라, 카이퍼대에 있는 커다란 소행성
일 따름이라는 견해를 가진 학자들이야 늘 있었다. 어쨌든 명왕성
은 소행성대에 있었고 많은 다른 소행성들로 둘러싸여 있었다. 그러
나 명왕성은 1930년대 발견된 이래로 계속 행성으로 표기되고 있었

고 처음에는 아무도 그것에 이의를 제기하지 않았다. 마이크 브라운이 '제나Xena'라는 별명을 붙인 그이 천체를 소개할 때까지는 말이다. 이치상 제나가 명왕성보다 크기 때문에 명왕성이 행성이라면 제나도 행성으로 표기해야 할 것이었다.

일은 다르게 진행되었다. 2006년 프라하에서 열린 국제천문연맹 IAU의 학회에 모인 천문학자들은 1930년대에 발견할 당시에는 몰랐지만 명왕성이 사실은 카이퍼대의 소행성과 더 비슷하다고 결론 내렸다. 그리하여 100여 년 전에 세레스가 행성에서 소행성으로 강등되었던 것처럼, 명왕성도 행성 지위를 박탈당하게 되었다. 그로써 제나가 공식적으로 태양계의 열 번째 행성이 될 확률도 없어져버렸다. 2006년 이래 공식적으로 태양계의 행성은 여덟 개뿐이며, 명왕성은 에리스(제나에게 붙여진 공식적인 이름), 세레스를 비롯한 몇몇 커다란 소행성들과 더불어 새로이 만들어진 '왜행성(난쟁이 행성)' 그룹에 들게 되었다.

아주 먼 곳에 있는 행성

미지의 행성에 대한 전망은 그리 밝지 않다. 그런 천체가 있다면 태양계 아주아주 먼 곳에 숨어 있을지도 모른다. 그렇다면 카이퍼 소행성대를 넘어 훨씬 더 먼 곳에 있어야 할 것이다. 1992년에 카이퍼대에서 최초의 소행성이 발견된 이래 그곳에 있는 천체들의 궤도를 추적할 수 있었는데, 지금까지 미지의 행성에 합당한 중력 방해 같은 것은 발견되지 않았기 때문이다. 그러므로 지금까지 모르는 커다란 행성이 있다면 태양에서 아주 멀리 있을 것이고, 우리가 알고 있는 천체에서 아주 멀리 있어서 중력적 영향이 작아 눈에 띄지 않는다고 봐야 할 것이다.

천문학자들은 이 거리가 얼마나 멀지를 계산했다. 미지의 행성이 우리 지구만 하다고 할 때 그것은 태양으로부터 지구보다 최소한 750배는 더 떨어져 있어야 할 것이다. 그리고 행성 X의 질량이 목성 정도라면 그것은 오르트 구름 속에 있을 수밖에 없다. 목성 질량 정도의 천체가 지금까지 우리 앞에서 숨어 있으려면 지구보다 태양으로부터 1만 3000배 이상 떨어져 있어야 한다. 더 커다란 천체라면—그렇다면 이미 행성이 아니라 작은 별이라고 해야 할 것이다—논리적으로 더 멀리 떨어져 있어야 한다. 태양에서 1.8~2광년은 떨어져 있어야 할 것이다! 그 어딘가 태양계 밖에 이런 종류의 해성 X가 있는지는 오늘날 알지 못한다. 그러나 상황은 곧 변할 것이다.

루이지애나대학교의 존 매티스John Matese와 대니얼 위트마이어 Daniel Whitmire는 2010년 오르트 구름에서 오는 여러 혜성의 궤도의 불규칙성을 발견했다고 주장했다. 이런 혜성 궤도를 분석하자 크기가 목성만 하고 우리 지구보다 태양에서 1~3만 배 더 멀리 떨어져 있는 행성이 있을 수 있다는 결과가 나왔다. 데이터는 명확하지 않고 이에 대한 평가는 엇갈린다. 하지만 우주망원경 와이즈는 매티스와 위트마이어가 '티케Tyche'라고 이름 지은 행성을 확인할 수 있을 것이다. 와이즈가 수집한 데이터는 아직 정확히 분석되어야 하지만 티케의 발견에 도움이 될 사진들이 이미 천문학자들의 데이터뱅크에 있을지도 모른다.

행성 X는 저 바깥쪽 어딘가에 있을 수 있다. 그러나 그에 대해 두려워할 필요는 없다. 지구와 충돌하는 것은 불가능하기 때문이다. 진짜로 '행성 X'가 존재한다면 지구에서 아주 멀리에서 자신의 궤도를 돌고 있을 것이며, 결코 내부 태양계로 근접할 수 없을 것이다. 그렇지 않으면 우리가 이미 오래전에 눈치 챘을 테니까 말이다. 결론적으로 세계 멸망을 예언한 자들이 지구가 곧 다른 행성과 충돌할 것이라고 한다면 우리는 그 예언을 너끈히 무시할 수 있다.

5부

별과 별의 충돌

태양은 직경 140만 킬로미터의 가스로 된 어마어마한 구이다. 적도 부분의 둘레는 440만 킬로미터에 달한다. 시속 900킬로미터로 날아가는 보통 여객기를 타고 태양 둘레를 도는 데 202일이 걸린다는 소리다! 그리고 우리의 태양은 작은 별에 속한다(천문학자들은 태양을 황색왜성으로 분류한다). 태양보다 훨씬 더 큰 별은 많다! 가령 밤하늘에서 늘 북쪽으로의 길을 가르쳐주는 북극성은 아주 커서 비행기로 둘레를 한 바퀴 돌려면 24년이 걸릴 정도다. 이런 거대한 구조물 두 개가 정말로 충돌한다면 과연 어떤 일이 일어날지 어떻게 상상할 수 있을까?

우리 은하 속 별의 충돌

좀 더 멀리 볼 때가 되었다. 물론 우리 지구와 충돌 가능성이 있는 천체에 특히나 관심이 가는 것은 당연한 일이다. 우리에게 직접적으로 관계된 일이기 때문이다. 그러한 일을 특히 정확히 보아야 하는 것은 당연하다. 그러나 우주는 넓고, 우주 전체적으로 보면 지구와 인간은 우주의 미미한 부분에 지나지 않는다. 그러므로 잠시 태양계를 떠나 저 밖에서 대체 무슨 일이 일어나는지 보는 것도 좋은 일일 것이다. 가령 별들을 보는 일 말이다! 별들은 아주 많다. 그것은 밤하늘만 쳐다보아도 확인할 수 있는 일이다. 은하수라 불리는 우리 은하에만 약 2000억 개의 별이 있다. 그리고 이 별들 모두 서로 다른 빠르기로 은하수의 중심을 돌고 있다.

이렇게 많은 별들이 움직이고 있으니 충돌이 좀 일어나야 할 것 같기도 하다. 하지만 놀랍게도 그렇지 않다. 우리 은하에는 엄청난 양의 별들이 있지만 우리 은하는 대부분 텅 비어 있다. 각각의 별들은 우리 머리로는 상상할 수 없을 만큼 멀리 떨어져 있고 텅 빈 공간에서 그다지 눈에 띄는 존재들이 아니다. 그리하여 두 별이 직접적으로 충돌하는 일은 거의 불가능하다. 두 별이 충돌하는 걸 보려면 10조 년은 기다려야 할 것이다. 그러나 우리의 우주가 생긴 지는 불과 약 130억 년밖에(?) 안 되었다. 따라서 별이 서로 충돌하는 것은 결코 불가능한 일이라고 말할 수 있다. 최소한 우리 은하에서만은 그렇다. 그러나 은하수 변두리는 조금 더 시끄러워진다. 우리 은하는 외롭게 우주 속을 누비는 것이 아니다. 우리 은하 주변에는 구상성단들이 있다. 그리고 구상성단 안은 조금 더 바쁘다.

구상성단에 행성이 없는 이유

구상성단은 이름에서 알 수 있는 것처럼 구 모양으로 무리지어 있는 별들의 집단이다. 보통 약 10만 개의 별들이 아주 밀집해 있고 중력으로 서로 뭉쳐져 있다. 꽤 큰 규모의 은하는 수백 개의 구상성단을 거느리고 있으며, 우리 은하 주변에는 150개 정도의 구상성단이 분포해 있다. 구상 성단의 별은 대부분 모두가 같은 시기에 생성되었으며, 보통은 아주 오래된 것들이다. 구상성단은 우주에서 가장 오래된 천체에 속하며 나이가 약 120~130억 살이다. 137억 년 전부터 존재하고 있는 것으로 보이는 우주와 거의 같은 나이라 할 수 있다. 구상성단이 정확히 어떻게 생겼는지는 아직 알려져 있지 않아 연구 과제로 남아 있다. 하지만 천문학의 역사에서 구상성단은 이미 중요한 역할을 담당하고 있다.

구상성단을 관측하고 그에 대해 보고한 최초의 학자는 요한 아브라함 일레Johann Abraham Ihle였다. 일레는 1665년에 오늘날 'M22'라고 불리는 천체를 망원경으로 관측했다. 일레는 우체국 직원으로 일하며 여가 시간에 천문학을 했는데 그의 망원경은 —당시 대부분의 망원경처럼— 이 천체가 별들의 집단임을 알아볼 정도로 성능이 좋지는 못했다. 일레의 눈에 보인 것은 그저 흐릿한 얼룩일 따름이었다. 프레드릭 윌리엄 허셜(이미 살펴보았듯이 천왕성의 발견자이자 '소행성'이라는 말을 고안한 학자)은 비로소 스스로 만든 거대한 망원경으로 그 얼룩이 사실은 수많은 별들의 집합체라는 것을 알아낼 수 있었다.

20세기 초 천문학자들은 구상성단을 활용하여 우리 은하에 대해 더 많은 것을 알아내고자 했다. 천문학자들은 우리 은하가 어떤 모양이며 우리는 그 안에서 어디쯤 위치하고 있는지를 알고자 했다. 처음에는 이를 위해 하늘의 각 방향에 얼마나 많은 별들이 보이는지를 세어, 그로부터 대략적인 형태를 유추하고자 했다. 그러나 별들은 멀리 떨어져 있을수록 잘 보이지 않는 반면, 구상성단은 많은 별들로 되어 있기에 더 밝아 멀리 있어도 잘 보인다. 미국의 천문학자 할로 새플리Harlow Shapley는 구상성단의 분포를 연구하고 지금까지 지배적인 의견과 달리 태양은 은하수 중심에 있지 않고 상당히 바깥쪽에 있다는 결론을 내렸다. 올바른 결론이었다. 인간은 다시 한 번 권좌에서 밀려났다. 처음에는 코페르니쿠스Nicolaus Copernicus가 지구를 우주의 중심에서 몰아내고 태양을 도는 일개 행성으로 강등시켰는데, 태양 역시 은하의 가장자리에 있는 지극히 평범한 별임이 드러났던 것이다.

태양이 은하수 가장자리에 있음을 알게 되는 데 주된 역할을 했던 구상성단은 그 역동성 때문에 흥미를 끈다. 은하수에는 별들 사이에 아주 충분한 공간이 있다. 태양에서 가장 가까운 별인 프록시마 센타우리Proxima Centauri와 태양과의 거리는 약 40조 킬로미터로 엄청나게 멀다. 시속 10억 킬로미터 이상의 상상할 수 없는 빠르기로 전진하는 빛도 4년이 넘게 걸리는 거리다. 은하수 전체를 심하게 축소하여 태양의 직경을 140만 킬로미터 대신 1센티미터로 줄인다면, 지구와 태양의 거리는 고작 1미터가 될 것이다. 그러나 이 경우에도 태양에서 프록시마 센타우리까지는 자그마치 285킬로미터다. 아무튼 분명한 것은 별들 사이의 거리가 정말 어마어마하다는 것이다. 각각의 별들 사이의 중력도 미미해서 그다지 영향을 미치지 못한다. 하지만 구상성단에서는 완전히 다르다! 여기에는 별들이 훨씬 더 밀집되어 있다! 우리 은하에 별 한 개가 있는 공간에 구상성단은 몇백 개가 있다! 모든 별이 가까이에 있기에 인력을 통해 서로의 운동에 영향을 준다. 그곳의 별들은 구상성단의 중점을 중심으로 질서 있는 궤도(가령 은하의 중심을 공전하는 태양처럼)를 그리지 않고 부분적으로 혼란스런 궤도를 그리며 연신 서로 가까워진다.

이것이 바로 구상성단에 행성이 없는 이유이기도 하다(구상성단에 행성이 없는 것은 상당히 확실하다). 그곳에서 별을 도는 모든 행성은 어느 순간에 지나가는 다른 별의 인력에 의해 궤도를 이탈해버릴 것이기 때문이다. 그리하여 그 어떤 행성도 몇백 년 이상의 세월은 견디지 못한다. 구상성단에서 언젠가 행성이 생겨났다 해도 그들은 더이상 거기에 있지 않을 것이다.

사실 별들 또한 강한 중력적 상호 작용으로 말미암아 서로 충돌할 가능성이 높다. 우리 태양계가 위치한 곳에서는 아무리 오랜 세월이 지나도 별들이 충돌하지 않는 반면, 구상성단에서는 충돌이 비교적 자주 일어난다. 평균 몇만 년에 한 번씩은 충돌이 일어난다. 충돌의 결과는 충돌하는 별들의 특성에 따라 달라진다. 별이라고 다 같은 별이 아니기 때문이다. 별의 종류에는 적색거성, 청색거성, 백색왜성, 황색왜성, 갈색왜성, 중성자별, 청색낙오성blue straggler, 블랙홀 등이 있다. 인간이 생애를 거치며 유아에서 아이로, 성인으로, 그리고 노인으로 늙어가는 것처럼 별도 복잡한 발전 과정을 거친다.

별의 드라마틱한 일생

별은 내부에서 지속적으로 스스로 에너지를 생산할 수 있는 천체이다. 에너지 생산 메커니즘은 이미 1부에서 살펴보았다. 기체로 된 구름이 중력으로 말미암아 붕괴하여 점점 더 밀도가 높아진다. 그 와중에 온도는 점점 더 높아지고 입자들은 점점 더 빨리 움직여서, 어느 순간 원자핵 사이의 충돌이 격하게 일어나 새로운 원소로 융합된다. 별은 이 시점부터 진정한 별이 되는 것이다. 이전에는 중력이 별을 계속하여 붕괴시켰던 반면 이후에는 밖으로 향하는 복사압이 중력에 맞서게 된다. 복사압과 중력은 균형을 이루고 별은 안정된다. 중력과 복사압 둘 중 어느 하나가 우세해서는 안 된다. 이후 별의 생애가 어떻게 진행되는가 하는 것은 별의 질량에 달려 있다. 질량이 많은 별일수록 핵융합이 더 빨리 진행된다. 그리하여 크고 무거운 별에는 '짧고 굵게 살자'라는 모토가 적용된다. 그들은 뜨겁고 빠르게 불타오르고 몇백 년 만에 수소 저장고는 바닥이 난다.

우리 태양처럼 작은 별들은 더 오래 산다. 그들은 몇십억 년간 에너지를 생산할 수 있다. 그러나 그들의 에너지 생산 역시 어느 순간에는 끝이 난다! 우리 태양의 경우 60~70억 년이 지나면 에너지 생산이 끝나게 될 것이다. 핵 속의 수소는 대부분 헬륨으로 변화된 상태이고, 융합할 수 있는 것은 거의 남아 있지 않아 복사압이 감소할 것이다. 이제 중력이 기뻐할 차례다. 다시금 중력이 더 큰 힘이 될 테니 말이다!

이 단계에 다다르면 몇십억 년 전에 탄생한 후 처음으로 별은 다시 붕괴하기 시작한다. 이제는 다시 더 밀도가 높아지고 뜨거워진다. 점점 밀도가 높아지고 뜨거워져 온도는 헬륨핵이 융합될 정도에 이른다. 전에는 수소가 헬륨으로 융합되었으나 이제 별은 헬륨을 탄소로 융합시킨다. 다시금 에너지가 생겨난다. 전보다 더 많은 에너지가 말이다. 그리하여 이제 다시금 복사압이 중력에 대항할 뿐 아니라, 중력을 넘어선다. 그러면 이제 별은 붕괴하는 대신 계속하여 부풀어오른다. 뜨거운 내부에서 생성되는 어마어마한 복사압이 상대적으로 차가운 별 대기층('채층'이라고도 하며, 별의 대기층은 상대적으로 낮은 온도로 흐린 노란빛을 띠지 않고 붉게 빛나게 된다)을 점점 더 바깥쪽으로 밀어낸다. 이런 별은 오늘날 우리의 태양보다 100배는 더 커질 수 있다. 그래서 그런 별을 '적색거성(붉은 거인별)'이라 부른다.

우리의 태양도 이런 운명을 앞두고 있으며, 그때가 되면 태양은 지구 궤도까지 부풀어오를 것이고 어쩌면 지구를 삼켜버릴지도 모른다. 이렇게 부풀어오른 별이 그다음에는 어떻게 되는가 하는 것은 별의 질량에 달려 있다. 질량이 상당히 가벼운 별—우리의 태양처럼—은 시간이 흐르면서 외부층을 완전히 떨어뜨려버린다. 그리고 융합 반응은 말라버리며 드디어 중력이 오랜 싸움에서 승자가 된다.

이제 전에 별이었던 것의 내부 핵만이 남아, 지구만 한 크기가 될 때까지 계속하여 수축한다. 그러나 크기는 지구만 하게 되더라도 여전히 한창 때 질량의 반 정도를 가지게 된다. 이는 물질이 극도로 농축되어 있다는 의미다. 한 숟가락 정도의 무게가 거의 자동차 한 대의 무게와 맞먹게 된다. 상상이 가는가? 이제는 더 이상 별 일이 일어나지 않고, 별은 거의 죽고 식어서 점점 더 어두운 색으로 변해가다가 어느 순간 검고 생기 없고 차가운 공만 남게 된다. 그러나 우리의 우주는 그렇게 나이가 많지 않아 지금까지 죽은 별들이 그렇게 다 식을 정도의 세월은 지나지 않았다. 따라서 죽은 별들도 약간의 빛을 내고 있고 아주 성능 좋은 망원경으로 보면 이런 '백색왜성'도 볼 수 있다.

초신성 폭발 이야기

우리의 태양보다 질량이 더 컸던 별들은 이렇게 생을 마치지 않고, 다른 과정을 거친다. 그런 별은 죽어버리기 전에 어느 정도 유예기간을 가진다. 헬륨이 융합된 후 복사압이 감소하면 핵은 수축하지만, 새로운 융합 과정이 시작될 만큼 여전히 크고 뜨겁다. 그리하여 별은 탄소를 융합하고 그로부터 산소, 네온, 마그네슘 같은 새로운 원소들이 생성된다. 이제 일은 속속 진행된다! 탄소 융합은 몇천년 정도만 가능하고, 그 뒤에는 붕괴가 계속된다. 별의 처음 질량에 따라서 그 후 다른 원소들도 연소될 수 있다. 네온의 융합으로 별은

10년 정도 더 살 수 있고 그 뒤 이어지는 붕괴가 온도를 많이 높이면 산소와 규소의 융합이 몇 년 내지 몇 주 더 갈 수 있다. 그러나 그 뒤에는 정말로 끝이 난다. 그리고 나면 융합의 마지막 산물로 철이 남는다. 두 개의 철 원자를 서로 융합시켜 새로운 원소를 만들 때에는 에너지가 방출되지 않고 추가로 에너지가 들어가야 한다.

그러므로 융합은 철에서 끝난다. 그러나 별의 생애는 계속 진행된다. 처음 질량이 클수록, 외부층을 모두 떨쳐버리고 남게 되는 중심부의 질량도 많기 때문이다. 이렇게 남은 질량이 태양 질량의 1.4배가 넘으면, 백색왜성으로 머무르지 않는다. 점점 더 수축되고 점점 더 붕괴하는데, 더 이상 융합이 일어나지 않아 복사압이 중력에 반작용을 할 수가 없기 때문에 붕괴는 엄청난 속도로 이루어진다. 이런 붕괴는 계속되며 붕괴로 인해 안쪽의 압력은 점점 더 높아진다. 원자들은 서로 점점 더 밀착되고 원래 원자핵을 돌던[26] 전자들은 어느 순간 핵 속으로 밀려들어가게 된다.

그리하여 원자핵 속의 음성을 띤 전자와 양성을 띤 양성자로부터 중성을 띤 중성자가 생겨난다. 중성자들은 계속하여 서로 눌리고, 어느 순간 더 이상은 압력이 높아질 수 없는 순간이 온다. 양자역학의 기본 원칙인 '파울리의 배타 원리(이 원리를 발견한 독일 물리학자 볼프강 파울리Wolfgang Pauli의 이름을 땄다)'에 따르면 두 중성자는 정확히

---

26 최소한 단순한 모델로는 그렇다. 보다 정확한 양자역학적인 원자 모형은 좀 더 복잡하다.

같은 상태를 취할 수 없기 때문이다. 중성자는 임의로 눌릴 수 있는 것은 아니며 더 이상 눌릴 수 없는 시점에 다다르면 붕괴가 끝난다. 그러나 붕괴한 별이 전에 갖고 있던 에너지는 그냥 사라져버릴 수가 없다. 벽을 향해 돌진하는 자동차가 벽과 충돌하면 즉석에서 에너지가 어마어마하게 방출되는데 붕괴가 끝난 별에서도 그런 일이 일어난다. 이곳의 충돌은 더 격하게 진행된다.

이 별은 우리가 지금까지 이 책에서 만났던 그 모든 파국을 뒷전으로 할 만큼 어마어마한 폭발을 일으키며 남은 물질들을 우주로 내던진다. 이런 폭발에서 엄청난 에너지가 방출되어 아주 멀리 있는 별이 가까이 있는 밝은 행성들보다 더 밝게 빛을 발할 수 있고, 전에 보이지 않던 별들이 갑자기 육안으로 들어온다. 그럴 때면 며칠간 하늘에 새로운 별이 나타난다. 1572년 티코 브라헤가 그런 새로운 별을 발견했을 때 이런 현상을 '노바Nova(라틴어로 '새롭다'라는 뜻)'라 칭했다. 오늘날 그것은 '슈퍼노바Supernova(초신성)'라 불리고 있다.

이렇게 별이 폭발하는 현상은 아주 드문 일이다. 우리 은하에서 일어나는 초신성 폭발은 평균적으로 1000년에 20건 정도밖에 되지 않는다. 초신성 폭발 뒤 별은 마지막에 백색왜성이 되지 않고 굉장히 농축된 중성자들로 이루어진, 불과 몇 킬로미터 되지 않는 구가 된다. 백색왜성을 이루는 물질 한 숟가락이 자동차 한 대의 질량과 맞먹었다면, 이제 중성자 물질 한 숟가락은 10억 대의 자동차 무게와 맞먹을 정도다. 이런 기이한 별의 잔재를 우리는 '중성자별'이라 부른다. 그러나 어떤 경우는 여기서 끝나지 않고 조금 더 기이한 일로 이어질 수도 있다.

무엇이 블랙홀을 특별하게 만드는가

원래 별의 질량이 아주 컸던 경우—우리 태양의 약 8배 정도—에는 융합 과정이 끝나고 남은 별의 핵도 아주 커서 아무것도, 아무도 중력을 제어할 수 없다. 이런 별은 계속 수축하길 거듭한다. 그리하여 결국 전체의 질량—여전히 오늘날 우리의 태양보다 훨씬 큰 질량—이 한 점으로 모이게 된다. 이것을 천문학자들은 '블랙홀'이라 부른다. 블랙홀은 천문학에서 가장 인기 있는 천체 중의 하나이다. 블랙홀이라는 이름을 들어보지 않은 사람이 거의 없을 것이다. 그러나 블랙홀은 가장 오해가 많은 천체이기도 하다. 블랙홀에 대해 무서운 이야기들이 떠돈다. 그리하여 많은 사람들은 블랙홀을 무시무시한 괴물처럼 상상한다. 주변에 있는 모든 것을 영영 다시 볼 수 없게끔 가차 없이 집어삼키는 우주의 진공청소기로 말이다. 하지만 그것은 그다지 맞지 않는 이야기다.

방금 설명한 것처럼 블랙홀은 별이 진화한 것이다. 질량을 가진 천체이며 우선은 특정한 질량을 가진 다른 천체들처럼 행동한다. 블랙홀에도 우주의 다른 곳에서와 같이 중력 법칙이 적용된다. 우리의 태양은 너무 가벼워서 블랙홀로 일생을 마칠 수 없다는 것은 이미 말했다. 몇몇 이상한 외계인들이 와서 이상한 기계를 동원하여 우리의 태양을 계속해서 꾹꾹 누른다고 가정해보자. 그리하여 태양이 직경 몇 킬로미터 크기로 수축되어 물질의 밀도가 매우 높아져 빅 블랙홀이 된다고 해보자. 그래도 어떤 면에서 지구에는 변화가 별로 없을지도 모른다. 물론 지구는 춥고 어두워질 것이고 아마도 무뚝뚝한 외계인들이 좀 무서울지도 모른다. 그러나 지구는 계속하여 자신의 궤도를 돌 것이다. 이제는 태양이 아니라, 블랙홀 주위를 돌 뿐이다.

원래 질량은 변치 않는다! 태양의 물질은 강하게 농축될 뿐, 블랙홀은 원래의 태양과 똑같은 무게가 나간다. 이것은 블랙홀이 행사하는 중력도 전에 태양이 행사하던 중력과 동일하다는 뜻이다.

시공간을 굽게 하는 것

블랙홀을 특별하게 만드는 것은 질량이 아니라 밀도다. 물질은 상상할 수 없을 정도로 압축되었다. 전에 아주 큰 별을 구성했던 물질은 이제 아주 작은 영역에 집중되어 있다. 알베르트 아인슈타인 때부터 우리는 물질이 소위 '시공간'을 굽게 한다는 것을 알고 있다. 시공간이라는 것은 우리 우주의 3차원 공간에 시간을 더한 것이다. 이런 총 네 가지의 차원을 우리는 —수학 공식으로 외에는— 구체적으로 상상하기 힘들다. 2차원만 고려하면 어느 정도 이해가 간다. 공간을 펼쳐진 수건처럼 상상하면 된다. 이 공간에 하나의 질량이 있으면 —따라서 가령 커다랗고 무거운 구슬이 있으면— 수건은 평평하지 않고 쑥북 패게 된다. 질량이 클수록 더 많이 패게 된다. 이렇게 팬 곳으로 두 번째 구슬을 굴려 보내면 구슬은 그 팬 곳을 통해 방향이 바뀌어 마치 무거운 구슬에게 끌리는 것처럼 보일 것이다. 실재 우주 공간에서도 바로 이런 일이 일어난다. 질량은 시공간을 굽게 만들고, 우리는 시공간에서 이렇게 파인 곳을 통해 움직이며, 시공간의 구부러짐을 따라간다. 어떤 힘을 느끼는 것처럼 말이다.

블랙홀이 블랙홀이라 불리는 것은 그것이 시공간에 만들어내는 팬 부분이 깊어서 '구멍'이라 할 만하기 때문이다. 팬 곳이 깊을수록, 그 곳에서 다시 빠져나오려면 더 많은 에너지가 든다. 지구는 시공간을 비교적 조금만 변형시킨다. 그 때문에 우리는 지구의 중력장을 벗어날 수 있을 만큼 빠른 로켓을 제작할 수 있다.

지표면에서 시속 4만 320킬로미터 이상의 속도로 하늘을 향해 발사된 발사체는 도로 땅으로 떨어지지 않고 계속해서 우주로 날아가게 된다. 그러나 무한정 멀리까지 가지는 못한다! 지구보다 질량이 30만 배는 더 큰 태양이 있기 때문이다. 태양은 시공간을 훨씬 더 깊게 패게 한다. 그리하여 만약 태양의 표면에서 로켓을 발사하고자 한다면(이런 일은 태양은 기체로 되어 있어 단단한 표면이 없기 때문에 어려울 것이다), 로켓은 시속 200만 킬로미터 이상의 속도여야 할 것이다. 지구로부터 로켓을 발사하여 지구의 중력장뿐 아니라 태양의 중력장까지 떠날 수 있으려면 시속 15만 킬로미터는 되어야 한다.[27] 그러나 블랙홀은 —위에서 말했듯이— 시공간을 단순히 패게 할 뿐 아니라, 시공간에 정말로 구멍을 만든다. 운이 없어서 블랙홀 위에 혹은 블랙홀 안에 있게 된 경우 그곳을 빠져나오는 데 필요한 속도는 빛의 속도보다 더 빨라야 할 것인데, 피할 수 없는 자연 법칙 중 하나는 그 무엇도 빛보다 빨리 전진할 수는 없다는 것이다!

그리하여 블랙홀은 단순히 구멍(홀)만이 아니라, 검은(블랙) 구멍이다. 다른 별들은 빛와 열기를 방출하지만 블랙홀에서는 빛도, 물질도, 정말이지 아무것도 떠날 수 없다.[28] 블랙홀에 너무 근접하는 모든 것은 되돌아오지 못한다. 그 경계를 사건 지평선event horizon이라고 한다. 블랙홀의 질량이 클수록 사건 지평선은 블랙홀에서 멀리까지 미친다. 사건 지평선 안에 위치하는 모든 것은 결코 밖으로 빠져나오지 못한다.

그러나 블랙홀이 완전히 검은색이라 정말로 눈에 보이지 않는다고 하면, 우리는 대체 블랙홀이 정말로 존재한다는 걸 어떻게 알 수 있을까?

---

27 지구가 스스로 이미 시속 10만 7000킬로미터로 질주하고 있기에 이 일은 좀 더 쉬워진다. 약 4만 3000킬로미터만 속력을 더 내면 된다.

28 우주물리학자 스티븐 호킹Stephen William Hawking은 블랙홀 묘사도 양자역학적 효과를 고려하면 어떻게 될지를 계산하였다. 그는 블랙홀에서 아주 적은 양의 에너지가 외부로 복사될 수 있음을 발견했다. 그러나 이런 '호킹 복사량'은 아주 적어서 오늘날 우리가 가지고 있는 도구로는 도무지 측정이 되지 않는다.

아웃캐스트가 움직이는 방향

'블랙홀이 정말로 존재한다는 걸 어떻게 알 수 있을까?'라는 질문은 우리로 다시금 이 책의 원래 주제로 돌아가게 한다. 바로 충돌이라는 주제 말이다. 이번 장 초반에 언급했듯이 우리 은하의 별들은 상당한 속도로 은하수를 질주하고 있을지라도 결코 충돌하지 않는다. 가령 우리의 태양은 시속 79만 2000킬로미터(초속 220킬로미터다!)로 은하의 중심을 돌고 있다. 이런 속도는 별로서는 보통 속도이다. 그러나 간혹 정말로 빨리 움직이는 별들이 발견된다. 가령 'SDSS J090744.99+024506.8'이라는 아주 어려운 이름을 가진 별은 2005년 발견되었는데 그 별의 속도를 측정한 천문학자들은 어안이 벙벙해졌다. 자그마치 1초에 700킬로미터(시속 250만 킬로미터)로 움직이고 있었기 때문이다.

그 별은 아주 빨라서 은하수 전체의 중력장도 그 별을 붙잡아둘 수 없다. 그 별은 은하수로부터 계속하여 멀어지며, 어느 순간 완전히 은하수를 떠나 홀로 은하 간 공간을 질주하게 될 것이다. 그리하여 천문학자들은 그 별에게 '아웃캐스트outcast(왕따)'라는 별명을 지어주었다. SDSS J090744.99+024506.8라는 원래 이름에 비하면 많이 친근하다. 그러나 진짜 흥미로운 질문은 '아웃캐스트가 어쩌다 그렇게 빠른 속도로 움직이게 되었는가'이다. 무엇이 그를 그렇게 어마어마한 속도(저절로는 이런 템포로 움직일 수 없다)로 움직이게 만들었을까?

한 천체가 다른 천체에 아주 가까이 근접하지만 충돌하지는 않을 때 속도가 빨라질 수 있다. 단지 아주 가까이에서 서로 스쳐 가면 다른 천체의 인력에 의해 속도가 더해지는 것이다. 이런 방법을 이용해 학자들은 우주 탐험에서 탐사선이 한 행성 가까이를 지나가게 하면서 탐사선을 가속시키곤 한다(이렇게 하면 연료가 절약된다). 이런 방법을 바로 '스윙 바이'라고 하는데 이를 통해 속도를 빠르게 할 수도 있고 방향을 바꿀 수도 있다. 그러나 별 하나를 아웃캐스트 정도로 가속시키는 데는 어마어마한 질량이 필요하다. 아무리 질량이 커도 별들로는 불가능하다. 아웃캐스트를 가속시킨 것은 엄청난 질량이었음에 틀림없다. 아웃캐스트가 움직이는 방향은 그것의 정체를 가늠하게 해준다. 아웃캐스트는 은하수 중심으로부터 멀어지고 있는 것이다!

슈퍼 블랙홀의 존재

시간을 되돌려서 생각하면 아웃캐스트는 약 8000만 년 전에 정확히 은하수 중심에 위치했을 것으로 판단할 수 있다. 따라서 그것을 가속시킨 것은 은하수 한가운데에 있을 것이고 어마어마하게 무서운 것이리라. 우리의 태양보다 몇백만 배는 더 무거운 것이고 따라서 아주 큰 질량이 비교적 작은 공간에 위치해야 할 것이다. 바로 블랙홀일 것이다! 실제로 천문학자들은 오늘날 모든 큰 은하의 중심에는 소위 '슈퍼 블랙홀'이 위치한다는 것을 알고 있다.

슈퍼 블랙홀은 이름 그대로 보통 블랙홀보다 훨씬 더 질량이 커서 (블랙홀에 보통이라는 수식어를 붙이는 것이 좀 그렇지만 말이다) 태양 질량의 몇십억 배에 이른다. 물론 슈퍼 블랙홀은 별이 죽으면서 생기는 것은 아닐 것이다. 그런 어마어마한 질량을 가진 별은 없기 때문이다. 보통의 작은 블랙홀에서 시작하여 커졌을지도 모른다. 은하 중심의 블랙홀은 은하 외곽지역의 블랙홀보다 다른 별들, 기체 먼지 등을 먹어버릴 기회가 더 많다. 은하 중심에 가까이 갈수록 별들의 밀도가 더 높아지기 때문이다. 그리하여 블랙홀은 점점 더 질량을 불릴 수도 있다. 하지만 정말로 어떻게 진행되는지, 슈퍼 블랙홀은 오히려 거대한 가스구름이 붕괴해서 탄생하는 것인지, 또는 모든 상황이 전혀 다르게 진행되는지 하는 것은 아직 수수께끼로 남아 있다.

어쨌든 우리 은하 한가운데에 그런 구멍(블랙홀)이 있고, 빠르게 운동하는 별이 그 증거임은 확실하다.[29] 아웃캐스트가 이중성계의 일부라고 해보자. 두 별은 서로를 맴돌며 함께 은하수에서 움직였을 것이다. 모든 것은 괜찮았다. 하지만 어느 순간 그들은 슈퍼 블랙홀에 너무 가까이 가게 되었고, 아웃캐스트의 파트너는 운이 없어서 블랙홀과 충돌하여 블랙홀 속으로 삼켜져버렸다. 그리고 아웃캐스트는 망치질하는 목수가 갑자기 놓쳐버린 망치처럼, 우주 속으로 튕겨져 나왔다. 아웃캐스트는 슈퍼 블랙홀의 무지막지한 중력으로 가속되어 엄청난 속도를 갖게 되었고 이제 우리의 은하를 떠나게 될 것이다.

그러나 충돌할락 말락 하다가 속도가 높아지는, 드라마틱한 일은 드물다. 천문학자들은 현재 그렇게 고속으로 운동하는 별들을 열여섯 개 발견했고 우리 은하의 수천억 개의 별 중에서 몇백 개 내지 몇천 개만이 그렇게 높은 속도로 운동할 것으로 추정하고 있다.

이렇다 할 충돌이 있기에는 우리 은하에는 공간이 너무나 많다! 그러므로 다시금 구상성단으로 눈을 돌려 그곳에서 별들이 정말로 충돌하면 무슨 일이 일어나는지 보도록 하자.

---

29 1998년 슈퍼 블랙홀 근처의 별들을 관찰함으로써 은하수 한가운데에 슈퍼 블랙홀이 존재한다는 것이 최초로 증명되었다. 행성들이 태양을 도는 것처럼 그곳에서 별들이 블랙홀을 도는데, 별들의 공전 속도로부터 은하 중심에 얼마나 많은 질량이 집중되어 있는지 계산할 수 있었다.

충돌로 인한 또 다른 탄생

별 두 개가 충돌한다는 것은 말은 쉽다. 그러나 그런 경우 정말로 어떤 일이 일어나는지는 아무도 상상할 수 없다. 소행성 충돌이야 어느 정도 상상력의 범주에 속한다. 원칙적으로 하늘에서 돌 하나가 떨어지는 것이고, 우리 모두는 떨어지는 돌을 본 적이 있기 때문이다. 그러나 별끼리 충돌하면 어떻게 될까? 별이 대체 얼마나 큰지를 가늠하는 것만도 힘이 든다. 하늘에 보이는 우리의 태양은 어느 정도 관측할 만해 보인다. 그러나 그것은 태양이 멀리 떨어져 있기 때문이기도 하다. 사실 태양은 직경 140만 킬로미터의 가스로 된 어마어마한 구이다. 적도 부분의 둘레는 440만 킬로미터에 달한다. 시속 900킬로미터로 날아가는 보통 여객기를 타고 태양 둘레를 도는 데 202일이 걸린다는 소리다! 그리고 우리의 태양은 작은 별에 속한다(천문학자들은 태양을 황색왜성으로 분류한다).

태양보다 훨씬 더 큰 별은 많다! 가령 밤하늘에서 늘 북쪽으로의 길을 가르쳐주는 북극성은 아주 커서 비행기로 둘레를 한 바퀴 돌려면 24년이 걸릴 정도다. 지금까지 알려진 것 중 가장 커다란 별은 큰

개자리 VYVY Canis Majoris로 이 별을 우리의 비행기로 한 바퀴 돈다면 1100년이 필요하다! 별들의 굉장한 크기는 우리의 머리로 잘 가늠이 되지 않는다(그림 8 참고). 이런 거대한 구조물 두 개가 정말로 충돌한다면 과연 어떤 일이 일어날지 어떻게 상상할 수 있을까?

청색낙오성의 발견

그럼에도 한번 머리를 굴려보자. 일단 백색왜성이 우리의 태양과 비슷한 보통의 별과 충돌한다고 가정해보자. 백색왜성은 크기가 지구만 한 작은 천체이다. 그러나 질량은 태양과 맞먹는다. 이런 엄청나게 압축된 천체의 입장에서 그것과 충돌하는 별은 몸집이 크고 푹푹 잘 들어가는 가스 공일 따름이다. 충돌은 비교적 빨리 진행되고 몇 시간 만에 모든 것이 끝날 것이다. 그리고 기본적으로 우리의 일상에서 작고 단단한 물건이 크고 별로 단단하지 않은 물체와 부딪혔을 때와 같은 일이 일어날 것이다. 가령 총알과 수박이 충돌했을 때처럼 말이다. 그런 경우 총알은 전혀 손상 없이 수박 안을 통과하게 될 것이다. 반면 수박은 과일 샐러드가 되어버릴 것이다. 우주에서도 동일한 일이 진행된다. 백색왜성에는 충돌의 흔적이 별로 남지 않는다. 평소보다 표면 온도가 올라가기는 하겠지만, 충돌에서 별 탈 없이 나온다. 그러나 별은 충돌에서 살아남지 못한다. 충돌은 별의 내부에 충격파를 유발하고 가스는 농축된다. 아주 밀도가 높아지면 이제 핵 외부에서도 융합 과정이 시작될 수 있다. 그리하여 보통 때보다 훨씬 더 많은 에너지가 방출된다. 가히 슈퍼노바 폭발에서의 에너지와 비견될 정도이다. 그리고 폭발에서와 마찬가지로 이때도 별은 완전히 갈기갈기 찢어진다.

백색왜성과 충돌하는 별이 우리의 태양과 비슷한 별이 아니라 아주 커다란 적색거성인 경우도 결과는 별로 다르지 않다. 이 경우는 다만 충돌이 몇 시간 안에 끝나는 대신 몇 주 정도 걸릴 수 있다는 것뿐. 그러나 마지막에는 적색거성도 파괴된다. 구상성단의 경우 특히 적색거성이 충돌의 희생자가 될 때가 많다. 규모가 크다 보니 부딪힐 확률이 훨씬 더 커지는 것이다. 따라서 별의 밀도가 높고 거칠게 움직이는 구상성단의 중심부에는 다른 지역보다 적색거성이 훨씬 더 적으리라고 봐도 될까? 그렇다. 천문학자들의 관측 결과 정말로 그러했다. 별들 사이의 충돌이 적색거성을 정말로 멸절시켰던 것이다.

그러나 우리는 이미 앞에서 우주적 충돌이 파국적인 결과에도 불구하고 생명의 탄생에 여전히 중요한 역할을 했음을 살펴본 바 있다. 별들에 있어서도 마찬가지다. 충돌은 별을 파괴시킬 뿐만 아니라, 별의 생애를 연장시키기도 하고 별을 탄생시키기도 한다. 잔인한 백색왜성이 아니라, 아주 평범한 두 별이 충돌할 때 일은 아주 다르게 진행된다.

구상성단의 별들은 모두 —적잖이— 같은 시기에 탄생한 것들이다. 따라서 나이가 거의 같다. 그리하여 별들의 발달 과정은 온전히 질량에 좌우된다. 질량이 클수록 별은 더 뜨겁고 더 빨리 타버리며 더 일찍 적색거성이 된다. 따라서 구상성단에서는 처음에 질량이 큰 모든 별들이 적색거성이 될 것이다. 그 후에 질량이 약간 더 작은 별들이 그렇게 될 것이며 가벼운 별들은 가장 오래 살아남을 것이다. 그리하여 천문학자들은 비교적 쉽게 구상성단의 연대를 규정할 수 있다. 그들은 성단의 별들을 많이 관찰하고 그 별들이 어느 정도의 질량을 가지고 있는지를 측정한다. 아직 한창인 보통 별도 발견되고, 이미 적색거성이 된 별도 발견될 것이다. 이제 적색거성과 보통 별을 가르는 경계 질량만 규정하면 된다. 경계 질량이 작을수록 성단은 더 오래된 것이다. 젊은 성단에서는 처음에 아주 질량이 큰 별들만 적색거성이 되었을 것이고, 상당히 나이가 든 성단에서는 더 가벼운 별들도 생애를 마칠 시간에 이르렀을 것이다.

미국의 천문학자 앨런 렉스 샌디지Allan Rex Sandage는 1953년 구상성단 M3을 연구하다가 약간 이상한 것을 발견했다. 첫눈에는 모든 것이 정상으로 보였다. 질량이 큰 별들은 이미 적색거성이 되어 있었고, 더 가벼운 별들은 일반적인 생애를 이어가고 있었다. 하지만 그러고 나서 샌디지는 크고 질량이 큰 일군의 별들이 아주 밝게(파르스름한 흰색으로) 빛나고 있는 것을 발견했다. 질량으로 따지면 오래전에 다 타 버렸어야 할 것들이었다. 비슷한 질량을 가진 다른 별들은 오래전에 적색거성이 되었는데, 이런 일군의 '청색낙오성'들은 생명을 연장하는 데 성공한 것이다. 연구 결과 젊음의 비법은 아주 급진적인 것으로 드러났다. 청색낙오성은 즉 상대적으로 작은 두 별이 충돌해서 탄생한 별인 것이다. 보통 별 두 개가 서로 충돌하면 이들은 서로를 파괴하기는 하지만, 그 충돌은 백색왜성과의 충돌과는 달리 치명적이지 않다. 두 충돌 파트너는 충돌을 틈에 나 커다란 별로 합쳐지며, 새로이 삶을 시작하게 된다. 청색낙오성은 그러는 동안에 많은 성단에서 발견되고 있으며, 은하수 중심부에서까지 발견된다.

이런 종류의 충돌은 첫 시도에서 별이 되지 못한 천체들을 별로 만들어줄 수도 있다. 별이 빛나기 시작하려면 최소한의 크기는 넘어야 하기 때문이다. 그럴 때에만 내부가 충분히 뜨거워져서 융합 과정이 시작될 수 있다. 별이 되는 경계선은 목성 질량의 75배 정도이다. 우주에는 우리가 아는 행성들보다는 크지만 별이 될 만한 기준에는 미치지 못한 천체들도 아주 많다. 별들처럼 그들 역시 가스로 이루어진 커다란 구이다. 그러나 그들의 중심부는 수소가 헬륨으로 융합될 만큼 온도가 높지 않다. 잠시 동안 다른 융합 과정을 통해 약간의 에너지를 만들 수는 있지만, 오래가지는 못한다. 이렇게 별이 되는 데 실패한 천체들을 '갈색왜성'이라 부른다. 갈색왜성은 은하수 곳곳에 있다. 때로는 홀로 존재하고, 때로는 행성계의 일부로 행성처럼 진짜 별 주위를 공전한다. 그러나 갈색왜성 두 개가 서로 충돌하여 합쳐지면 그들은 상황에 따라 함께 필요한 경계 질량을 넘어설 수 있게 되고, ―약간 늦었지만― 별로서의 일생을 시작할 수 있게 된다.

감마선 폭발의 가능성

자, 일반적인 별들과 적색거성, 백색왜성들이 충돌하면 어떻게 되는지를 살펴보았다. 그렇다면 별 일생의 가장 마지막 단계에 있는 별들은 어떻게 될까? 중성자별과 블랙홀은 어떻게 될까? 이런 특별한 천체들이 충돌하면 정말로 드라마틱한 일이 일어나지 않을까? 정말 그렇다! 이런 충돌이 바로 지금까지 알려진 최대의 폭발인 '감마선 폭발gamma ray burst'을 일으키는 것이다! 1960년대 말 미국, 소련, 영국이 핵확산금지조약을 잘 지키는지를 감시하기 위해 몇몇 위성이 우주로 발사되었다. 지구상에서 누군가가 핵무기 실험을 하면, 상당량의 감마선이 방출될 것이었다. 감마선은 가시광선과 마찬가지로 정상적인 전자기선이지만, 에너지가 아주 높다. 그들 위성에는 감마선 검출기가 설비되어 있었다. 그리고 금방 감마선을 감지해냈다. 처음에 사람들은 약간 신경이 날카로워졌다. 누군가 몰래 핵실험을 하고 있단 말인가?

그러나 곧 감마선이 지구에서 오는 것이 아니라 우주 깊은 곳에서 온 것임이 드러났다. 기록된 감마선 폭발이 외계인의 핵실험에서 비롯된 것이라면 긴장하지 않을 수 없을 것이다. 그도 그럴 것이 며칠 사이에 10^{45}와트의 에너지를 방출하니까 말이다 1 뒤에 0이 자그마지 45개나 붙는 것이다! 이것은 은하 전체의 모든 별들의 발광력에 해당하며, 태양에너지의 10^{18}배에 해당한다(좀 더 상상이 잘 가게 말하자면 60와트 짜리 전구 10^{24}개의 발광력이다).

이미 죽은 별들

물론 이것은 외계인들의 핵실험에서 비롯되는 것은 아니다. 하지만 그렇다고 감마선 폭발이 외계인의 핵실험보다 덜 위험한 것은 아니다. 감마선 폭발에는 두 종류가 있다. 하나는 몇 초간만 지속되는 것이고, 하나는 몇 시간 동안 감마선을 내는 것이다. 느린 감마선 폭발은 정말로 질량이 큰 별들의 마지막 순간을 함께한다. 앞서 살펴본 시나리오와는 달리 여기서는 연료가 바닥난 후에 별 중심부가 비교적 느리게 붕괴하지 않는다. 질량이 아주 크다 보니 곧장 블랙홀로 붕괴되어버린다. 이런 엄청난 폭발에서 남은 물질들은 빠른 속력으로 우주로 날아가는데 그 과정에서 또한 엄청난 감마선을 방출한다. 이런 차원의 폭발은 슈퍼노바(초신성)의 '슈퍼'라는 표현으로 충분하지 않다. 그래서 천문학자들은 그것을 '하이퍼노바Hypernova(극초신성)'라고 부른다.

극초신성 폭발이 지구 근처에서 일어난다면, 우리에게 그다지 좋지 않을 것이다. 대기가 감마선을 어느 정도 막아주겠지만, 감마선은 공기 분자들과 반응하여 일산화질소nitric oxide를 생성시키며, 이것은 우리의 오존층을 손상시킨다. 오존층이 사라지면 위험한 태양의 자외선이 아무런 방해 없이 지표면까지 도달하게 된다. 그러면 그곳의 생물은 굉장한 피해를 입을 것이며, 고성능 자외선 차단제도 소용이 없게 될 것이다.

그러나 다행히 가까운 미래에 지구 근처에서 감마선 폭발이 있을 확률은 거의 없다. 우리 근처의 별들은 극초신성 폭발을 일으킬 만큼 크지 않다. 에타 카리나Eta Carinae라는 별이 얼마 안 가 극초신성 폭발을 일으킬 수도 있다. 에타 카리나는 생애의 마지막에 다다랐고 몇만 년 후면 폭발하게 될 것으로 보인다. 그러나 그 별은 우리와 8000광년 정도 떨어져 있기 때문에, 별로 위험하지는 않을 것이다. 그리고 최근에는 에타 카리나의 질량이 극초신성 폭발로 일생을 마칠 만큼 되지 않는다는 소리도 나오고 있다.

한편 몇 초 동안으로 끝나는 감마선 폭발은 다른 방식으로 일어난다. 이 경우의 감마선 폭발은 별이 드라마틱하게 일생을 마치는 과정이 아니라, 이미 죽은 별들이 다시 한 번 떠들썩하게 존재를 알리는 과정에서 생긴다. 가령 이중성계의 두 파트너가 아주 큰 경우 그들은 생애의 마지막에 중성자별이 되거나 블랙홀이 되어(또는 하나는 중성자별이 되고 하나는 블랙홀이 되어) 서로를 돈다. 그러나 시간이 흐르면서 점점 더 에너지를 잃게 되고 점점 더 가까이 접근하다가 어느 순간 충돌하게 된다. 우리는 앞에서 단순한 백색왜성이 얼마나 많은 파괴를 야기할 수 있는지 살펴보았다. 그런데 아주 응축된 중성자별 두 개가 충돌하는 경우 파괴력은 그와 비교가 되지 않는 규모이다. 그들은 블랙홀로 합쳐지며 짧은 감마선을 방출한다. 블랙홀 두 개가 만날 때에도 그런 일이 일어난다.[30] 따라서 충돌은 별들에게도 모순적인 사건이다. 소행성이 지구와 충돌하면서 한편으로는 생명을 가능하게 했고 한편으로는 생명을 다시금 싹쓸이할 수 있었던 것처럼, 별들 간의 충돌도 별을 파괴시킬 수 있는가 하면 또 별을 만들어낼 수도 있다. 그러나 별들끼리 충돌하는 것을 넘어 은하와 은하가 충돌하면 어떤 일이 일어날까? 은하 간 충돌은 얼마나 엄청난 결과를 빚을까?

---

30 또는 중성자별과 블랙홀이 충돌할 때, 백색왜성이 충돌에서 충분한 물질을 받아들일 수 있을 때 질량이 커져 블랙홀로 붕괴될 수 있다.

6부

충격 없는 충돌

은하가 충돌하는 것은 어마어마한 사건이긴 하지만 반드시 파국적이지는 않다. 두 은하가 충돌하면 은하의 형태가 변하고 둘이 합쳐 새로운 은하가 되기도 한다. 그러나 한 은하가 파괴될지라도 별들은 계속하여 살아남고 중력의 상호작용은 많은 새로운 별들을 탄생시키는 동인이 된다. 그리고 훨씬 더 큰 규모의 은하단끼리의 충돌은 우리에게 암흑물질의 존재를 좀 더 실감 나게 보여준다.

어마어마하게 큰 우주의
아주 작은 부분

혼자 지내고 싶지 않은 것은 인간이나 천체나 다르지 않다. 그러나 천체들이 친구들과 함께하는 것은 외롭기 때문이 아니라, 중력 때문이다. 지구가 태양 및 다른 행성과 더불어 가스구름에서 탄생했을 때 지구는 맘대로 돌아다닐 수 없었다. 중력 때문에 훨씬 더 무거운 태양과 연결되어 있었다. 수성, 금성, 화성, 목성, 토성, 천왕성, 해왕성(그리고 몇십억 개의 소행성과 혜성)과 함께 지구는 태양계를 이룬다. 다른 별들 역시 그들 주위를 도는 다른 행성들을 거느리고 있고, 작은 행성에게 적용되는 원칙은 커다란 별에게도 적용된다. 별역시 탄생 후 제멋대로 자신의 길을 가지 않고 중력에 묶여 있게 된 것이다. 행성들이 별 주위를 돌며 태양계(혹은 행성계)를 이루는 것처럼, 별도 우주에 고립된 상태로 존재하지 않는다. 수천억 개의 별이 중력으로 서로 연결되어 어마어마한 집단을 이루고 있다. 이런 별들의 집단을 은하라고 한다.[31]

우리의 태양도 은하의 일부이다. 우리가 속한 은하는 '은하수milky way'[32]라는 예쁜 이름을 가지고 있다. 맑은 밤하늘의 별들이 은빛으로 빛나는 강처럼 보이기 때문에 붙은 이름이다. 그러나 우주에는 우리 은하 외에도 무수히 많은 은하들이 있다! 우주의 은하는 수천억 개에 이른다. 이것이 알려진 것은 그리 오래된 일이 아니다. 우리의 은하수가 우주 전체를 이루는지, 아니면 우주에 다른 은하들도 있는지를 두고 천문학자들이 옥신각신 다툰 지는 채 100년도 되지 않았다. 이 다툼의 정점은 1920년 4월 20일 워싱턴 국립자연사박물관에서 벌어진 할로 섀플리와 헤버 커티스Heber Curtis의 논쟁이었다. 이는 천문학 사상 최대의 설전으로 '천문학 대논쟁'이라 불린다.

할로 섀플리는 은하수가 아주 크며 밤하늘에서 별과 함께 관찰할 수 있는 안개와 같은 나선형의 구조물, 즉 성운은 은하수 내부의 가스구름이라고 주장했다. 그리고 우리 은하가 전 우주를 포괄하고 있으며 우리 은하 밖에는 아무것도 없다고 보았다. 커티스의 의견은 달랐다. 커티스의 확신에 따르면 은하수는 섀플리가 생각하는 것보다 훨씬 더 작으며, 하늘에 보이는 안개 같은 성운은 가스구름이 아니라 은하수처럼 독립적인 은하들인데 엄청나게 멀리 있다 보니 그렇게 보이는 것이었다. 즉 우주는 어마어마한 공간을 사이에 두고, 수많은 별들로 구성된 '섬'으로 가득 차 있다는 말이었다. 섀플리가 옳은지 커티스가 옳은지 정말이지 가리기가 힘들었다. 당시의 망원경

---

31 얼마나 많은 별을 거느리고 있어야 은하계라고 부를 수 있는가에 대한 정확한 기준은 없다. 커다란 구상성단과 작은 은하의 경계는 유동적이다.
32 'milky way'라는 말은 그리스 신화에서 나온 말이다. 아기 헤라클레스가 헤라 여신의 젖을 엄청나게 세게 빨자 놀란 헤라가 헤라클레스를 밀쳐냈는데 이때 헤라의 젖이 하늘로 분출하여 은하수를 이루었다고 한다.

은 성운이 가스구름인지 멀리 있는 별들의 집단인지를 구별할 만큼 성능이 좋지 않았고, 성운이 얼마나 멀리 있는지를 규명하는 것도 거의 불가능했다. 그러나 이런 상황은 몇 년 뒤 변했다.

세페이드 변광성의 발견

1923년 천문학자 에드윈 허블은 아직 본질이 무엇인지 밝혀지지 않은 안개처럼 보이는 천체 중 하나인 안드로메다 성운에서 특별한 종류의 별을 발견했다. 그것이 바로 '세페이드 변광성'이었다. 세페이드 변광성은 주기적으로 광도가 변하는 별이다. 사실 밝기가 변하는 것 자체는 특별한 일이 아니다. 약간 밝아졌다가 다시 약간 어두워졌다가 하는 별은 많다. 그러나 세페이드 변광성의 경우는 일찌감치 변광 주기와 절대 광도(별 고유의 밝기)가 일정 관계를 가지고 있음이 밝혀졌다.

보통은 망원경으로 어떤 별이 얼마나 밝은지는 확인할 수 있다. 그러나 그 별이 실제로 얼마나 강한 빛을 방출하는지, 즉 그 별의 실제 광도가 얼마나 되는지는 알 수가 없다. 광도가 약한 작은 별이라도 가까운 거리에 있으면 밝게 빛나고, 광도가 높은 큰 별이라도 먼 거리에 있으면 약하게 빛나기 때문이다. 그래서 별이 정말로 어느 정도의 광도를 갖는지를 측정하기가 힘든데 세페이드 변광성은 다르다. 세페이드 변광성의 경우는 밝기 변화를 측정하면, 변광 주기와 광도 사이의 상관관계를 통해 절대 광도를 계산할 수 있다. 절대 광도가 높은데 하늘에서 약하게 빛나면, 아주 멀리 있는 별임이 틀림없다. 반대로 광도가 낮은데 하늘에서 밝게 빛나면, 가까이 있는 별이다. 따라서 세페이드 변광성을 발견하면 언제나 별까지의 거리를 계산할 수 있다. 그리고 허블은 안드로메다 성운에서 세페이드 변광성을 발견했다!

허블이 거리를 계산해보니 결과는 놀라웠다. 안드로메다 성운이 엄청나게 멀리 있다는 결과가 나왔던 것이다! 안드로메다 성운은 은하수 밖에 있음이 확실했고, 그렇게 멀리 있는데도 그렇게 밝은 것을 보면, 성운이 수많은 별들로 구성되어 있음이 분명했다. 안드로메다 성운은 그 자체로 어엿한 은하였던 것이다! 세월이 흐르면서 다른 성운들도 거의 은하로 드러났다. 우리가 속한 은하수는 은하로 가득한 어마어마하게 큰 우주의 아주 작은 부분일 따름이었다. 이렇게 인간은 다시금 스스로가 우주에서 전혀 특별한 위치를 점하고 있지 않다는 것을 확인해야 했다.

은하는 어떤 모습일까?

별에도 다양한 종류가 있는 것처럼 은하에도 다양한 유형이 있다. 천문학자들은 은하를 크게 세 가지 종류로 구분한다. 그중 하나는 타원 은하이다. 타원 은하는 그다지 특별하지 않은 구조로, 별들이 구형이나 타원형을 이루고 있는 은하다. 이런 은하는 어마어마하게 커질 수 있어서, 타원 은하 중 가장 큰 은하는 별을 몇조 개까지도 거느린다. 이런 별들은 대부분 아주 늙은 별들이며, 타원 은하의 별들 사이에는 가스구름이 거의 없기 때문에 새로운 별들도 거의 탄생하지 않는다.

하늘에서 좀 더 아름다운 모습을 연출하는 은하는 나선 은하다. 나선 은하의 중심에는 밀도 높은 구형의 별 무리가 있는데, 천문학자들은 이를 '팽대부'라고 부른다. 그러나 나선 은하의 매력은 팽대부가 아니라 그 바깥쪽에 있다. 팽대부는 기체와 별로 구성된 커다란 원반으로 둘려 있는데, 이 원반은 그냥 아무렇게나 배열되어 있지 않고 팽대부를 중간에 두고 인상적인 나선팔 모양을 이룬다.

이런 나선팔이 어떻게 생겨나는지는 아직 정확히 밝혀지지 않았다. 그에 대해서는 나중에 좀 더 살펴보고자 한다. 그런데 많은 나선 은하의 경우는 팽대부가 다리 또는 막대 모양을 띠고 그 끝에서 나선팔이 나오는 모습으로 되어 있다. 이런 나선 은하를 막대 나선 은하라고 부른다(그림 9 참고). 우리의 은하수도 이런 막대 나선 은하일 것으로 '추정'된다. 우리가 속한 은하수가 어떤 모양인지 정확히 모른다니 좀 이상한가? 하지만 우리는 은하수 안에 자리 잡고 있으니 전체의 모습을 조망할 수 있는 먼 은하들보다 우리 자신이 속한 은하의 모습을 알기 어렵다.

그럼에도 우리는 은하수에 대해 몇 가지 것을 알아냈다. 우선, 우리 은하는 이 끝에서 저 끝까지 약 10만 광년 혹은 1억조 킬로미터 떨어진 꽤 큰 규모의 나선 은하임이 밝혀졌다. 또한, 다른 커다란 은하들과 마찬가지로 중심의 팽대부는 약 8000광년 정도의 반경을 가진 구형의 별 집단으로 되어 있다는 것도 드러났다. 팽대부를 두르는 원반의 두께는 약 3000광년이며, 그 안에 나선팔이 존재한다는 점도 알게 되었다. 그리고 최신의 인식에 따르면 은하수는 막대 모양의 중심부로부터 나선팔 두 개가 뻗어 있는 것으로 드러났다(나선팔은 두 개이고 훨씬 약한 몇 개의 작은 팔들이 있다).

우리의 태양은 은하수 중심으로부터 한참 떨어져 있어 약 2만 6000광년의 거리에 위치하며, 천천히 은하수의 중심을 돌고 있다. 사실 '천천히'라는 말은 적합하지 않다. 태양은 은하수 중심을 한 바퀴 도는 데 약 2억 3000만 년이 걸리지만 어쨌든 초속 267킬로미터의 속도(시속으로 따지면 약 100만 킬로미터!)로 돌고 있는 것이다. 허블이 역사적 관측을 했던 안드로메다 은하도 나선 은하다. 그러나 그 은하는 우리 은하보다 조금 더 크다.

두 은하의 충돌 과정

앞 장에서 언급한 세 가지 대표적인 은하 외에 이들과 같은 일정한 모양에 들지 않는 은하를 '불규칙 은하'라 부른다. 은하수와 이웃한 두 은하인 마젤란 은하(마젤란 성운이라고도 하며, 대마젤란 은하와 소마젤란 은하가 있다)도 불규칙 은하이다. 마젤란 은하는 남반구에서만 보이는 은하로, 은하치고는 상당히 작다. 그래서 '왜소 은하(난쟁이 은하)'로 분류된다. 대마젤란 은하는 우리에게서 약 16만 광년 떨어져 있고 소마젤란 은하는 20만 광년 떨어져 있다. 큰개자리 왜소 은하는 4만 2000광년 거리로 우리와 더 가깝다. 그러나 마젤란 은하와는 달리 육안으로 보이지 않아 2003년에야 비로소 발견되었다.

커다란 은하수와 중력으로 연결되어 은하수를 도는 왜소 은하는 약 서른 개 정도다. 그러나 이들 은하는 행성이 별을 돌 듯 안정된 궤도로 돌지 않는다. 이런 왜소 은하들은 어느 순간 은하수와 충돌하게 될 것이다. 은하와 은하의 충돌에서 진짜로 충돌하는 별은 그리 많지 않을 것이다. 별들을 제외하면 은하는 주로 텅 빈 공간으로 구성되기 때문이다. 별들 사이의 공간이 얼마나 텅 비어 있는지는 앞에서 살펴보았다. 그러므로 두 은하가 충돌할 때 그곳에서 물리적인 충돌은 거의 벌어지지 않는다. 두 은하는 두 아이가 모래 놀이를 하다가 싸워서 집어던지는 모래처럼 서로를 관통할 것이다. 그렇다고 은하끼리 충돌하는 경우 은하에게 전혀 아무 일이 없을 거라는 이야기는 아니다. 각각의 별들이 부딪히는 일은 드물지만, 그럼에도 은하는 서로의 중력장을 통해 영향을 미치기 때문이다. 그리하여 두 은하가 서로 근접하면 어마어마한 결과가 빚어진다!

물론 그런 충돌에서 정확히 무슨 일이 있는지를 규명하는 것은 어렵다. 은하는 엄청나게 크고 서로 족히 수백만 광년씩은 떨어져 있다. 그리하여 두 은하가 충돌하는 데만도 수백만 년이 걸릴 것이고, 이를 시간적으로 관찰하는 것은 불가능하다. 따라서 우리가 이런 충돌을 자세히 알고자 한다면 컴퓨터 시뮬레이션을 사용해야 한다. 그러나 두 은하의 충돌 과정을 이해해보고자 했던 최초의 시도들은 오늘날과 같은 컴퓨터가 없었던 시대에 있었다.

1941년 독일인 콘라드 추제Konrad Zuse가 'Z3'이라는 최초의 전자 계산기를 제작했다. 같은 해에 미국인들과 영국인들도 커다란 계산기를 만들었다. 그러나 이것은 군사적 목적에서—제2차 세계대전이 한창이었다!— 제작되었고 특정 과제를 해결하기 위해서만 사용되었으며, 오늘날처럼 프로그램이 가능한 기계는 아니었다. 그리하여 같은 해에 스웨덴의 천문학자 에릭 베르틸 홀름베르크Erik Bertil Holmberg가 두 은하가 충돌하면 어떤 일이 일어나는지를 규명하고자 했을 때 그는 컴퓨터에 의지할 수 없었고, 대신 다른 묘안을 생각해내야 했다. 그리고 그는 정말로 기발한 생각을 해냈다!

나선팔이 생기는 메커니즘

말 그대로 그에게 빛이 번쩍했다. 홀름베르크는 전구로 은하의 운동을 시뮬레이션하고자 했던 것이다. 두 은하가 만나면 어떻게 되는지를 알고자 한다면 둘 사이의 중력을 계산해야 한다. 중력 계산이야 17세기 아이작 뉴턴이 정립한 유명한 중력 계산 공식에 따라 계산하면 된다. 두 물체 사이의 중력은 두 물체의 질량이 클수록 커지고 거리가 멀어질수록 작아진다. 중력은 거리의 제곱에 비례해 감소한다. 두 물체 사이의 거리를 두 배로 하면 중력이 4분의 1(2분의 1의 제곱)로 떨어지고, 거리가 세 배가 되면 중력은 9분의 1(3분의 1의 제곱)로 작아지는 식이다. 홀름베르크는 이제 그 모든 것이 전구의 광도에도 해당되는 것을 인식했다. 전구는 광도가 클수록 당연히 더 밝게 빛난다. 그리고 중력과 마찬가지로 거리의 제곱에 비례하여 광도가 감소한다.

따라서 홀름베르크는 여러 개의 전구를 ―무거운 별을 위해서는 밝은 전구를, 가벼운 별을 위해서는 어두운 전구를― 별들이 두 은하에 배열되어 있는 것처럼 배열했다. 물론 은하에 있는 별만큼 많은 전구를 동원할 수는 없었다. 그러려면 몇십억 개의 전구가 있어야 할 것이다. 홀름베르크는 각 은하에 37개의 전구를 취하여 알맞게 배열하고 전구를 켠 뒤에 광도계photometer를 이용하여 빛의 밝기를 쟀다.

컴퓨터와 달리 광도계는 1941년에도 이미 있었다. 이제 홀름베르크는 각 별들이 다른 별들에 행사하는 중력을 힘들게 계산하는 대신 모든 전구로부터 나오는 밝기를 측정하기만 하면 됐다. 밝기는 정확히 중력처럼 행동하므로, 그는 전구 은하의 모든 지점에서의 광도를 임의로 측정했다.

홀름베르크는 은하 운동의 전 시간을 작은 시간 단위로 분할했다. 그리고는 시간 단위마다 광도 측정에 근거하여 별들이 어떻게 움직일까를 계산했고 그에 맞게 전구를 다시 배열했다. 그렇게 그는 은하가 서로 완전히 만날 때까지 모든 것을 되풀이했다. 최초로 시뮬레이션을 통해 두 은하가 만나면 어떤 일이 일어나는지를 알아본 것이다. 그는 1941년 11월 아주 흥미로운 연구 결과를 공개했다. 홀름베르크는 별들이(즉 전구들이) 동심원을 그리며 배열되어 있는 두 원반형 은하를 가지고 시뮬레이션을 시작했는데, 은하의 운동을 따라갈수록 중력이 은하의 형태를 변화시키는 것으로 나왔던 것이다. 결국은 마치 나선팔이 만들어진 것처럼 보였다. 별다른 구조가 없었던 별들의 원반은 충돌을 통해 나선 은하로 변했던 것이다! 그러면 홀름베르크는 은하에서 나선팔이 생기게 된 메커니즘을 발견했던 것일까?

유감스럽게도 아니다. 전구 시뮬레이션은 기발한 아이디어이긴 했지만, 두 은하 간 충돌의 세세한 특징을 묘사하기에는 너무 부정확한 것이었다. 그 뒤에 컴퓨터를 통해 이루어진 시뮬레이션에서는 홀름베르크가 본 '나선팔'이 진짜 나선팔은 아님이 나타났다. 이런 구조는 은하가 만난 후에 곧 다시금 해체되었다. 홀름베르크 이후 은하에 대한 지식이 훨씬 더 쌓였음에도 불구하고 오늘날까지 나선팔이 생겨나는 메커니즘은 정확히 밝혀져 있지 않다. 별들의 운동이 나선팔을 생기게 하는 것인지도 모른다. 은하 중심을 도는 별들의 운동은 별을 도는 행성의 운동과 직접적으로 비교할 수 없다. 행성계에는 중심에 있는 별이 다른 어떤 천체보다 압도적으로 질량이 크다. 우리의 태양은 태양계 전체 질량의 99.9퍼센트를 차지한다. 은하는 다르다. 은하 중심의 질량은 매우 커서 모든 별들이 그 중심을 운동하기는 한다. 그러나 수십억 개 별들의 중력도 무시할 수 없다. 그리하여 각 별의 궤도를 관찰하면 행성의 궤도보다 훨씬 더 중력의 방해를 겪고 있는 것을 알 수 있다.

태양은 2억 3000만 년 걸려 은하수 중심 주위를 돌면서 계속하여 같은 면에서 움직이지 않고, 놀이 공원의 회전목마처럼 계속 조금씩 아래위로 흔들리면서 이동한다. 궤도 자체도 계속 같지 않고 세월이 흐르면서 밀려난다. 나선 은하의 상황은 교통체증과 비교할 수 있다. 고속도로 어디선가 공사 현장이 있어서 차가 한 차선으로만 다닐 수 있다고 가정해보자. 그러면 자동차들은 브레이크를 잡아야 할 것이고, 전에는 여유 있게 다니던 길도 이제는 바짝 바짝 붙어 서서 천천히 갈 것이다. 공사 현장을 지난 다음에야 다시금 보통 때 속도로 갈 수 있다. 그러나 체증을 일으키는 자동차들만이 계속해서 바뀔 뿐 체증 자체는 언제나 같은 장소에서 일어난다. 은하에서도 그렇다. 나선팔은 바퀴살처럼 고정된 구조물이 아니다. 나선팔을 이루는 별들은 시간이 흐르면서 바뀐다. 자동차가 어느 순간 체증 구간을 뒤로

하는 것처럼 별들도 다시금 나선팔에서 나온다. 여기서는 차량 물결이 아니라 소위 '밀도의 물결'이 공사 현장의 역할을 하는 것이다. 위에서 언급한 별들의 불규칙한 운동과 거기서 연유하는 중력 때문에 은하의 특정 부분에는 성간 가스들이 다른 곳보다 훨씬 농축된다. 이렇게 가스구름이 강하게 응축되면 그곳으로부터 새로운 별이 탄생할 수 있다.

따라서 나선팔은 은하에서 '압력'이 높은 지역을 의미하고, 이런 압력을 통해 나선팔에서는 다른 곳에서보다 더 많은 새로운 별이 탄생한다. 그 때문에 나선팔은 밝게 빛나며 그 중간은 상대적으로 어둡다. 새로 탄생한 별들은 그 뒤 어느 순간 나선팔을 벗어난다. 그리고 다른 쪽에서는 새로운 가스구름이 나선팔로 들어오며 새로 태어난 젊은 별들이 자리를 차지한다. 이 과정의 세부적인 특징은 여전히 알려져 있지 않지만, 나선팔의 탄생이 두 은하의 충돌과는 아무 상관이 없음은 상당히 확실하다.

낯선 은하가 찾아온다

두 은하가 충돌하는 경우 정말로 무슨 일이 발생할까? 오늘날 우리는 아주 성능 좋은 컴퓨터를 가지고 있어서 똑똑하게 시뮬레이션 하는 것이 전혀 문제없지 않을까? 이에 대한 대답은 '똑똑한 시뮬레이션'이 무엇인가에 따라 달라진다. 두 은하의 만남을 컴퓨터에서 시뮬레이션하기 위해서는 엄밀히 말해 각 별들이 다른 은하의 해당 별들에게 미치는 중력적 상호작용을 계산해야 할 것이다. 그런데 보통의 은하에는 2000억 개의 별들이 있으므로 두 은하를 합치면 자그마치 4000억 개다. 이들의 상호작용을 알아보기 위해서는 무려 160조 개의 상호작용을 계산해야 한다. 시뮬레이션의 시간적 단계 하나당 160조 개다. 은하가 만나는 시간 전체를 구성하려면 각각의 짧은 시간적 단계를 위해 160조 개씩의 계산을 해야 한다. 그리고 은하의 충돌을 제대로 이해하려면 모든 별들이 어떻게 행동하는가를 고려하는 동시에 성간 기체의 영향을 무시해서는 안 된다.

그것은 간단한 과제가 아니며, 오늘날의 슈퍼컴퓨터로도 두 은하의 만남을 세부적으로 시뮬레이션하는 것은 불가능하다. 그러나 컴퓨터 프로그램이 현실을 대략적으로만 재현할 수 있다 해도 은하 간 충돌에서 진행되는 과정을 이해하는 데는 충분하다. 두 은하가 근접하면 처음에는 무엇보다 그 형태에 영향을 받게 된다(사진 7 참고). 서로 점점 더 근접하는 동안에 별들, 가스, 먼지는 기존의 궤도를 이탈할 수 있고 은하들 사이에 다리 같은 것이 만들어질 수 있다. 은하수와 마젤란 은하 사이에도 그런 '성류star stream'가 있다. 그리고 마침내 은하들이 실제로 충돌하게 되면 커다란 폭음 같은 것은 들리지 않는다.

우주에 공기도 없고 음파도 없어 '꽝' 소리도 있을 수 없기 때문만은 아니다. 위에서 말했듯이 각각의 별들 사이에 자리가 아주 많아서 두 은하가 서로를 관통하며 높은 속도로 인해 다시금 서로 분리되기 때문이다. 그러나 기체와 별들의 교환이 일어날 수 있고 은하 내부의 가스구름에 미치는 중력의 방해가 이런 구름을 붕괴하게 한다. 그리하여 새로운 별들이 많이 탄생한다. 따라서 두 은하의 만남은 은하에게 젊음의 샘이 될 수 있는 것이다.

그런데 대부분 이렇게 한 번 만나는 것으로 끝나지는 않는다. 은하들은 다시금 서로에게 멀어지지만, 중력을 통해 여전히(은하의 운동 속도가 아주 빠르지 않은 이상) 연결되어 있다. 마치 보이지 않는 고무줄로 서로 묶여 있는 것처럼, 그들은 어느 순간 다시금 서로를 향해 움직이고, 다시금 충돌한다. 그렇게 그들은 나선형으로 점점 더 좁은 원을 그리며 서로를 맴돌면서 완전히 합쳐진다. 그렇게 탄생한 새로운 은하에서는 이제 거의 모든 기체가 소비된다. 충돌하는 동안의 중력적 영향이 가스를 농축시켜 다수의 새로운 별을 탄생시킨다. 또한 은하의 형태도 굉장히 변형된다. 두 개의 커다란 나선 은하가 합쳐지면 일반적으로 더 이상 새로운 나선 은하가 되지 않고 타원 은하가 탄생한다.

우리 은하도 약 30억 년이 지나면 이런 운명을 겪게 될 것이다. 커다란 안드로메다 은하가 1초에 약 100킬로미터씩 우리 은하로 다가오고 있으며 어느 순간 두 은하가 충돌할 것이다. 그러면 마지막에는 은하수도 안드로메다 은하도 없어지고, 둘이 합쳐져 젊은 별들로 가득한 거대한 타원 은하가 탄생할 것이다. 태양이 이런 충돌에서 무사히 살아남을지는 불확실하다. 다른 별과 충돌할 리는 거의 없겠지만, 중력장으로 인해 새로운 은하로부터 튕겨져 나가 홀로 진행할지도 모른다.

먹고 먹히는 은하

작은 왜소 은하나 커다란 구상성단이 은하수 같은 커다란 나선 은하와 충돌하면 외모에 별 변화 없이 그냥 큰 은하에 잡아먹혀버릴 수도 있다. 이런 은하 간 먹고 먹히는 행위에서 남는 것은 성류다. 별 무리들이 마치 강처럼 비슷한 빠르기로 같은 방향으로 움직이는 것이다. 충돌 시의 중력이 작은 은하를 산산조각 내고 별들의 물결을 만들어낸다. 성류는 은하수를 관통하여 움직일 수도 있고 은하수 주변을 돌 수도 있다(사진 8 참고). 현재 우리 은하에는 열 개 정도의 성류가 알려져 있다. 1999년에 발견된 '헬미 별무리helmi stream'도 그중 하나이다. 헬미 별무리는 몇백만 개의 별로 이루어져 우리 은하를 빙 두르고 있다. 헬미 별무리는 60~90억 년 전 왜소 은하가 은하수에게 먹히면서 탄생한 것이다. 이것만으로도 흥미로운 발견이 아닐 수 없다. 그러나 천문학자들은 헬미 별무리 안에서 더 흥미로운 별(그 별은 HIP 13044라는 이름이 붙었다) 하나를 발견했다. 2010년, 그 별이 행성 하나를 거느리고 있는 것을 학자들이 목격했던 것이다. HIP 13044 는 다른 은하에서 온 것이었고, 행성 역시 낯선 은하에서 온 것이 확실했다![33]

천문학자들은 1995년부터 행성을 거느린 별들을 발견할 수 있었다. 그러나 지금까지 이런 모든 별들은 우리 은하에서 탄생한 것들이었다(또한 우리와 직접적으로 이웃한 곳에 있는 별들이었다). 어느 천문학자도 가까운 미래에 상상할 수 없이 멀리 떨어진 다른 은하의 별이 거느리고 있는 행성을 발견할 수 있을 만큼의 성능 좋은 망원경이 개발되리라고 기대하지 않는다. 그러나 은하 간 충돌은 우리에게 독특한 가능성을 제공해준다. 우리가 우주 깊은 곳을 탐색하지 않아도 낯선 은하의 행성들이 성류를 통해 직접 우리를 찾아오는 것이다. 성류에 있는 외부 태양계 행성에 대한 계속적인 연구는 앞으로 매력적인

---

33 이론상으로는 왜소 은하가 먹혀버린 이후에 탄생했을 수도 있지만, 그럴 개연성은 극히 희박하다.

연구 결과들을 제공해줄 것이다. 이런 연구를 통해 다른 은하계의 행성들이 우리 은하의 행성들과 어떻게 다른지를 규명하고, 은하의 종류가 다른 것이 행성 생성에 영향을 미치는지에 대해서도 연구할 수 있을 것이다.

암흑물질의 역할

은하에 대한 우리의 예상을 뒤집는 매력적인 발견들은 이미 일찌감치 이루어졌다. 가령 연구자들은 우주의 압도적인 부분은 눈에 보이지 않는다는 것을 발견했다! 우리 눈에 보이는 것은 우주의 모든 물질의 약 5분의 1밖에 안 되며 나머지는 지금까지 알려진 물질과 완전히 다른 '암흑물질'로 이루어져 있다는 것이다. 암흑물질의 존재를 처음으로 암시해준 것은 은하가 아니라 은하단에 대한 연구였다. 은하단은 말 그대로 은하들의 집단이다. 행성이 행성계에 모여 있고, 별들이 함께 모여 은하를 구성하는 것처럼, 은하들도 우주에 임의로 흩어져 있지 않고 함께 어마어마한 은하단을 이룬다.

스위스의 천문학자 프리츠 츠비키Fritz Zwicky는 1933년 바로 이런 은하단을 연구했다. 츠비키는 우리에게서 3억 광년 떨어져 있으며 약 1000개의 은하를 포괄하고 있는 '코마 은하단'에 속한 많은 은하들을 관찰하고 그 은하들의 운동 속도를 규정했다. 그런데 그 결과는 당황스러웠다. 은하들의 운동 속도가 너무 빨랐던 것이다!

정말 그 측정 결과처럼 빠른 속도로 움직이고 있다면, 코마 은하단은 존재할 수 없어야 했다. 은하단의 은하들은 상호간의 중력으로 묶여 있다. 그런데 우주선이 특정 속도 이상으로 운동하면 지구 내지 태양계를 떠날 수 있는 것처럼, 은하들도 운동 속도가 일정 수준을 넘으면 은하단의 중력장을 극복하고 은하단에서 떨어져 나가게 될 터였다. 이제 츠비키는 코마 은하단을 구성하는 은하들이 제한 속도를 넘어서서 빨리 운동한다는 것을 관측했다. 원래 코마 은하단은 오래 전에 해체되었어야 하는 것이었다. 높은 속도로 운동하는 은하들을 붙잡아두는 다른 무엇인가가 있지 않다면 말이었다. 은하단의 전체 질량이 클수록, 더 빠른 은하를 붙잡아둘 수 있다. 그러나 눈에 보이는 은하단의 질량을 아무리 더해보아도, 그 은하단은 그런 높은 속도로 운동하는 은하들을 붙잡아둘 만한 것이 되지 못했다. 그렇다면 은하들은 왜 뿔뿔이 흩어지지 않고 코마 은하단을 이루고 있는 것일까? 코마 은하단이 이 은하들을 붙잡고 있으려면 보이는 질량의 400배에 해당하는 질량을 가지고 있어야 할 것이었다.

훗날 이에 대한 연구 결과가 나왔다. 미국의 천문학자 베라 루빈 Vera Rubin은 1960년에 은하 속 별들의 움직임을 연구했다. 태양계에서 행성이 태양 주위를 돌 듯이 별들은 은하의 중심을 돌고 있다. 우리는 요하네스 케플러의 발견 덕택에 행성이 얼마나 빠른 속도로 운동하는지 정확히 알고 있다. 케플러의 세 번째 법칙은 행성들이 태양에서 멀리 있을수록 행성의 운동은 더 느려진다고 이야기한다. 태양이 행성에 미치는 중력적 영향이 더 약해지기 때문이다. 은하 속의 별들도 마찬가지일 것이었다. 어떤 별이 은하의 중심에서 멀리 떨어져 있을수록 그 별의 운동은 더 느려질 것이었다.

그러나 루빈이 다양한 은하의 별들을 측정했을 때, 루빈은 30년 전 츠비키와 마찬가지로 당황스런 결과에 부딪혔다. 별들의 운동 속도가 너무 빨랐던 것이다! 은하 바깥쪽의 별들이 너무 빨리 움직여서, 원래는 그 별들은 모두 이미 오래 전에 은하에서 튕겨져 나가야 했을 것으로 보였다. 이들이 여전히 그곳에 있는 것은 단 한 가지 사실을 의미했다. 즉 은하는 우리 눈으로 확인할 수 있는 것보다 질량이 크고, 이런 추가적인 질량이 별들을 궤도에 묶어두고 있다는 것 말이다. 이후 많은 연구가 이런 관찰을 확인해주었다. 우리의 우주에는 눈에 보이지 않는 물질이 아주 많으며, 이런 암흑물질이 전체 질량의 5분의 4를 이루고 있음에 틀림없다! 그렇다면 대체 암흑물질이란 무엇일까?

보이지 않는 우주

처음에 사람들은 암흑물질이 단순히 어두워서 눈에 띄지 않는 물질일 것이라고 생각했다. 스스로 빛을 낼 수 없어 어둡게 보이는 행성들이라고 말이다. 아니면 앞에 등장했던, 관측하기 힘든 갈색왜성이나 백색왜성일 것이라고 말이다. 그러나 행성이나 왜성들로 암흑물질을 설명하기엔 양적으로 역부족이었다. 그것들은 기껏해야 암흑물질의 작은 부분을 커버할 수 있을 정도였다. 가스나 먼지 구름도 같은 이유에서 배제되었다. 또 행성, 왜성, 가스나 먼지 구름들은 별빛을 통해 덥혀지고 복사열도 방출한다. 암흑물질은 그렇게 하지 않는다. 암흑물질은 우리가 일상에서 알고 있는 물질과는 근본적으로 다른 물질임에 틀림없다.

인간, 지구, 행성, 별 등을 이루는 물질은 우리가 화학 수업 시간에 배운 보통의 원소들과 분자들로 구성된다. 이런 물질의 행동은 우리가 1부에서 살펴보았던 네 가지 기본적인 힘으로 정해진다. 약한 핵력과 강한 핵력은 원자핵의 결집과 붕괴를 담당하고, 전자기력은 물질이 빛과 열과 기타 복사선들을 방출하거나 받아들일 수 있도록 한다. 마지막으로 천체의 질량으로 말미암은 중력적 상호작용이 있다.

암흑물질은 완전히 다른 물질임에 틀림없다. 우리가 암흑물질을 볼 수 없는 것은 암흑물질이 전자기력과 무관하기 때문이다. 암흑물질은 빛을 발하지도, 빛을 흡수하지도 않아서 눈에 아예 보이지 않는다. 다만 암흑물질은 보통 물질의 중력을 느낄 수 있고 스스로도 중력을 행사하여 별들과 은하를 그들의 궤도에 붙잡아둘 수 있다. 암흑물질이 무엇으로 구성되는지는 오늘날에도 여전히 알려져 있지 않다. 유력한 후보는 윔프WIMPs라 불리는 물질이다. 윔프는 '약하게 상호작용하는 무거운 입자weakly interacting massive particles'라는 뜻으로, 지금까지 발견되지 않은 가상의 소립자이다. 유럽원자핵공동연구소의 입자가속기가 지닌 과제 중 하나가 바로 이런 새로운 입자를 발견해내는 것이다. 정말로 이런 물질이 존재한다면, 입자가속기 안에서 입자들이 충돌할 때 어마어마한 에너지 속에서 그 소립자가 생성될

것이다.[34]

암흑물질은 일반적인 물질과는 다르게 행동한다. 그들은 별이나 행성을 이루지 않고 단지 거대한 구름으로 은하를 감싸고 있다. 암흑물질은 은하로 하여금 은하가 되게 하는 데 기여했다. 빅뱅 후, 우주에 아무런 구조도 없었던 때 이런 어두운 구름의 인력이 일반적인 물질들을 뭉치게 하고 별과 은하를 이루게 했다.

---

34 소수의 천문학자들은 암흑물질이 존재하지 않는다고 본다. 그들은 은하와 별이 추가적인 중력의 영향으로 빨리 운동하는 것이 아니라, 학자들이 이들의 운동을 계산하는 데 활용한 공식이 잘못되었다고 생각한다. 우리가 오늘날 알고 있는 중력 법칙이 완전히 정확하지는 않으므로, 수정된 법칙을 활용해야 한다는 것이다. 수정된 것은 '수정 뉴턴 역학Modified Newtonian Dynamics: MOND'이라는 이름으로 알려져 있다. 그러나 많은 세부적 문제들은 수정 뉴턴 역학으로도 설명되지 않아, 대다수의 천문학자들은 암흑물질이 존재한다고 보고 있다.

총알성단이 알려주는 것

암흑물질을 연구하는 것은 굉장히 어렵다. 눈에 보이지도 않고 어떤 물질인지 알지도 못한다. 암흑물질에서 나오는 중력만이 관찰할 수 있는 전부다. 그러나 여기서 다시금 충돌이 우리를 도와준다. 충돌은 최근 암흑물질을 이해하는 데 중요한 단서들을 제공해주었다. 그러나 이 충돌은 은하 간의 충돌이 아니다. 한 걸음 더 나아간 은하단끼리의 충돌이다! '총알성단Bullet Cluster'은 은하단끼리 충돌이 있었던 성단이다. 여기서 약 1억 년 전 작은 은하단이 더 커다란 은하단과 충돌하여 서로 관통했다(사진 9 참고). 미국, 독일, 러시아의 천문학자들은 2006년에 총알성단을 상세히 연구했다.

중력렌즈효과를 활용하라

총알성단을 이루는 것은 우선 은하들이다. 은하들은 빛을 발하므로, 허블 우주망원경으로 은하들을 관찰하고 그들의 위치를 확인하면 된다. 그러나 은하단은 은하로만 구성되어 있지 않다. 은하 사이에 뜨거운 가스가 많이 존재한다. 이런 가스는 일반적인 빛으로 볼 때는 거의 보이지 않는다. 그러나 아주 뜨거워서 X선을 방출한다(X선은 에너지가 많은 빛이다). 그래서 이 가스는 허블 우주망원경으로는 보이지 않지만, X선 관측에 특화된 찬드라 우주망원경으로는 관측할 수 있다. 학자들은 마침내 암흑물질은 대체 어디에 있는지 연구하고자 했다.

그런데 보이지 않는 암흑물질을 어떻게 알 수 있단 말인가? 이를 위해 학자들은 2부에서 소개한 중력렌즈효과를 활용했다. 중력렌즈효과로 태양계 외부 행성뿐 아니라 보이지 않는 물질도 발견할 수 있기 때문이다. 암흑물질은 보이지 않지만, 중력을 통해 주변에 영향을 준다. 즉 일반적인 물질처럼 중력으로 공간을 일그러뜨리기 때문에 광선이 암흑물질 곁을 지나가면 굽어진다. 그러므로 은하에서 나오는 광선이 암흑물질이 많은 곳을 지나가면 방향이 바뀌어 은하의 모습이 일그러져 보이게 된다. 학자들은 그렇게 사진에서 은하의 전형적인 일그러진 모습을 연구하면서 암흑물질의 예상 위치를 계산할 수 있었다.

그리하여 총알성단에서 은하단이 충돌했을 때 이런 세 요소—은하, 가스, 암흑물질—가 어떻게 행동했는지를 확인할 수 있었다. 은하들의 경우는 예상했던 대로 서로 관통했던 것으로 드러났다. 진정한 충돌이 일어나기에는 은하 간의 거리가 아주 멀기 때문이다. 그러나 은하 사이의 가스는 엄청난 구름을 이루며 서로 제대로 충돌한

후, 이를 통해 감속되어 은하들로부터 분리된 것으로 드러났다. 다음으로 암흑물질은 자기 자신, 그리고 다른 물질들과 약하게 상호작용을 하는 입자로 이루어져 있으므로 은하와 비슷하게 은하단 충돌에서 감속되지 않고 서로 관통했을 것으로 예상되었는데, 관측 결과 정말로 그랬다는 것이 밝혀졌다. 두 은하단이 충돌 내지 관통한 후에도 암흑물질은 은하들과 함께 있었고, 가스는 감속되어 은하단으로부터 떨어져 나와 있었다.

이렇듯 가스와 암흑물질이 분리된 현상은 그 뒤 은하단 간의 또 다른 충돌들에서도 관찰되었다. 특히 흥미로운 것은 아벨 2744 은하단(판도라 은하단이라고도 함)이었다. 아벨 2744 은하단에서는 은하단 네 개가 충돌했는데(자그마치 3억 5000만 년 동안 진행된 과정), 여기서도 암흑물질은 총알성단에서처럼 행동했다.

지금까지 위에서 살펴보았듯이 은하가 충돌하는 것은 어마어마한 사건이긴 하지만 반드시 파국적이지는 않다. 두 은하가 충돌하면 은하의 형태가 변하고 둘이 합쳐 새로운 은하가 되기도 한다. 그러나 한 은하가 파괴될지라도 별들은 계속하여 살아남고 중력의 상호작용은 많은 새로운 별들을 탄생시키는 동인이 된다. 그리고 훨씬 더 큰 규모의 은하단끼리의 충돌은 우리에게 암흑물질의 존재를 좀 더 실감 나게 보여준다.

그렇다면 이제 우리는 우주에서 일어나는 모든 충돌을 다 망라한 것일까? 태양에서 원자핵이 충돌하는 것을 보았고, 지구와 소행성의 충돌을 생각해보았으며, 행성 간의 충돌, 별들 간의 충돌, 은하 간의 충돌을 거쳐 우주에서 가장 큰 구성물인 은하단끼리의 충돌까지 이르렀으니 말이다. 그 이상 무엇이 있을까? 딱 하나 남았다. 두 우주 사이의 충돌 말이다.

7부

그리고 새로운 시작

전 세계의 이론물리학 연구소를 돌며 어떤 이론이 앞으로 상대성이론을 양자역학과 통합시킬 수 있을 것 같으냐고 물으면 십중팔구 "끈이론(초끈이론)"이라는 대답이 나올 것이다. 끈이론string theory은 1980년대부터 연구되고 개발되었으며, 양자물리학과 상대성이론보다 더 이상하고 더 불합리한 것으로 다가온다. 기본이 되는 생각은 아주 간단하다. 우주가 작은 소립자로 되어 있는 것이 아니라, 끈으로 되어 있다는 것이다.

우주끼리의 충돌

진짜 어마어마한 충돌 이야기는 이 책의 마지막 부분을 위해 아껴두었다. 두 우주가 충돌하면 어떻게 될까? 하지만 잠깐. '우주' 라니? 우주도 여러 개가 있단 말인가? 정확한 대답은 '모른다'이다! 그러나 그런 대답만으로는 만족스럽지 않다. 이제 이 책의 마지막 부분에서 현대 물리학과 우주학의 이런저런 이론들과 가설들에 시간을 좀 더 할애해보기로 하자. 그런 가설들은 우리가 속한 우주의 본질을 매력적으로 조망할 수 있게 할 뿐 아니라, 그 너머를 볼 수 있게 도 한다. 우주가 생기기 전에는 어땠는지, 우주가 더 이상 존재하지 않으면 어떻게 되는지, 우리의 우주가 모든 것이 아니고 훨씬 더 커다란 다중우주multiverse의 작은 부분이라면 어떨지, 심지어 우주끼리 충돌하면 어떻게 될지를 말이다.

물리학은 수십 년 전부터 커다란 목표를 추구하고 있다. 전체로서의 우주를 묘사하는 동시에 기존의 이론들과 모순을 빚지 않는 통합 이론을 찾고 있는 것이다. 현재 20세기 초에 개발된 두 개의 커다란 이론이 우리의 우주상을 결정하고 있다. 이 두 이론은 당시의 우주관을 뒤집어놓았고 자연과학에 혁명을 일으켰다. 그러므로 다음에 제시하는 연구 결과들을 이상하게 생각하며 건강한 인간 이성에 배치된다고 느끼는 것도 아주 당연한 일이다. 그런 사람이 아주 많기 때문이다. 대부분의 학자들도 마찬가지다. 그러나 우리의 우주가 실제로 현대 물리학의 양대 이론이 묘사하는 것처럼 이상하다는 사실은 지금까지 많은 실험을 통해 확인된 사실이기도 하다.

두 가지 이론

두 이론 중 하나는 알베르트 아인슈타인이 개진한 이론으로 이미 앞에서 살펴보았던 특수상대성이론이다. 특수상대성이론의 $E=mc^2$이라는 유명한 공식은 태양 내부에서 일어나는 과정을 설명하는 데 단초가 되었다. 그러나 아인슈타인의 이론은 질량과 에너지가 등가라는 것을 보여줄 뿐 아니라, 나아가 시간과 공간도 지금까지의 생각과는 달리 절대적인 것이 아님을 보여주었다.

아인슈타인 이전에 공간은 그저 그 위에서 내지 그 안에서 모든 것이 일어나는 '무대'일 따름이었고, 시간 역시 늘 일정하고 모두에게 동일한 것이었다. 매초 균일하게 진행되고 그 점에서 아무것도 바뀔 수 없는 것이었다. 그러나 아인슈타인은 현실은 다르다는 것을 인상적으로 보여주었다. 시간과 공간은 완전히 다르다는 것, 무엇보다 시간과 공간은 떼려야 뗄 수 없이 서로 연결되어 있다는 것을 보여주었다. 이와 같은 사실은 아인슈타인의 가장 중요한 인식으로부터 직접적으로 연유한다. 그 인식은 바로 빛은 언제 어디서나 동일한 빠르기고 진행한다른 것이다. 내가 길모퉁이에 서서 켜든 손전등의 빛이건, 음속의 여러 배로 달리는 제트기의 전조등 빛이건 간에 차이가 없다. 빛은 늘 같은 속도로 전진한다. 그러나 이것이 가능하려면 시간과 공간이 움직이는 대상에게는 다르게 다가와야 한다. 아인슈타인은 그의 이론에서 이것이 대체 어떻게 되는 것인지를 상세하게 설명했다.

아인슈타인은 시간과 공간을 합쳐 '시공간'으로 파악했다. 그리고 시간과 공간은 서로 연결되어 있기 때문에 모든 이에게 동일하게 적용되는 절대적인 시간은 없다는 것을 보여줄 수 있었다. 시간은 물체가 서로에 대해 얼마나 빠르게 움직이느냐에 따라 달라진다. 아인슈타인 이전에 공간 속의 움직임과 시간 속의 움직임은 서로 별개의 것으로 여겨졌다. 그러나 그것은 맞지 않았다. 둘은 서로 밀접하게 연관되어 있다. 공간 속을 빠르게 운동하는 물체는 —말하자면 균형을 맞추기 위해— 시간 속을 더 느리게 운동하도록 되어 있다. 빠르게 운동할수록 시간은 더 느리게 가는 것이다. 그러나 다른 관찰자들과 비교할 때만 그렇다. 스스로는 시간의 진행을 언제나 동일하게 느낀다.

사실 시간만 달라지는 것이 아니다. 내가 우주선 안에서 엄청난 빠르기로 우주를 질주하고 있다면 정지해 있는 관찰자에게 이런 우주선은 내가 보는 것보다 더 짧게 보인다. 물체의 길이, 흘러간 시간, 측정된 무게 등은 더 이상 절대적이지 않고 누가 그것을 측정하는가, 그가 측정하는 대상과 비교하여 상대적으로 얼마나 빠르게 운동하고 있는가에 따라 달라진다.

알베르트 아인슈타인의 명제는 혁명적이었고, 오늘날에도 여전히 일상의 경험과 부합시키기가 어렵다. 아인슈타인이 제시한 상대적인 효과들은 물체가 매우 빨리 움직여서 거의 빛의 속도에 도달할 때에야 비로소 느낄 수 있는 것이기 때문이다. 우리의 일상에서는 그런 일이 일어나지 않는다. 그래서 아인슈타인이 말한 것처럼 자연이 정말로 이상하다는 사실이 우리에게는 코믹해 보일 수 있다. 움직이는 시계가 더 느리게 진행한다는 것은 일상에서는 결코 확인할 수 없는 현상이다. 우리가 아주 정확한 시계를 사용하지 않는다면 말이다. 그러나 1971년에 제트기가 정확한 원자시계 네 개를 싣고 지구를 한 바퀴 비행한 후, 그 시계들과 지상에 가만히 있었던 원자시계들의 시간을 비교해보니 아인슈타인이 예언했던 만큼의 차이가 났다. 시계들은 더 이상 동시적으로 진행하지 않았고 움직이는 시계와 정지해 있던 시계 간에는 정확히 상대성이론이 예측했던 만큼의 차이가 났던 것이다.[35]

아인슈타인이 예언했던 다른 모든 효과도 지난 100여 년간 계속하여 실험적으로 정확히 확인되었다. 상대성이론의 유효성을 점검하고 싶은 사람은 텔레비전만 켜보면 된다. 아인슈타인에 대한 방송을 보

---

35 효과는 정말로 미미하여 1억 분의 2초밖에 되지 않았다.

라는 말이 아니라, 텔레비전도 특수상대성이론에 기초한 물건이라는 뜻이다. 상대성이론 없이는 그렇게 명확한 화면이 탄생할 수 없었을 것이다. 피그린 신공관 텔레비전은 그렇다. 진공관 안에서 전자가 만들어져, 앞쪽에 설치된 형광 재료와 충돌하면 이런 재료들이 전자 덕분에 빛나게 되고, 텔레비전 영상이 생겨난다. 그러나 그렇게 되기 위해 전자 다발은 굴절되어 언제나 적절한 장소로 나아가야 한다. 이때 전자 다발의 방향을 적절히 바꾸는 것이 바로 텔레비전 속의 자석들이다. 그런데 전자의 질량이 클수록 더 많은 힘이 투입되어야 한다.

누군가는 이렇게 말할 것이다. "그래, 전자의 무게에 맞는 자석만 설치하면 되겠군." 그러나 그것은 그리 간단하지 않다. 아인슈타인의 이론에 따르면 움직이는 물체의 질량은 밖에 서 있는 관찰자가 보기에 그 물체가 빠르게 움직일수록 더 커진다. 물체가 전자이고 '관찰자'가 이 전자를 굴절시켜야 하는 자석일 때도 마찬가지다. 정지해 있는 자석 입장에서 움직이는 전자는 움직이지 않는 전자보다 질량이 더 많다. 따라서 전자를 적절한 장소로 보내려면 아인슈타인의 이론을 무시하고 예상할 때보다 더 많은 힘이 필요하다. 이와 같은 인식을 가능하게 하는 상대성이론의 효과를 고려해야만 텔레비전에서 명확한 영상이 만들어진다!

혁명적이고 당황스러운 인식

독자들은 내가 왜 계속 특수상대성이론에 대해 이야기하는지 의아해할지도 모른다. 대체 그 이론이 뭐가 그렇게 특수한 것인지 궁금해할 수도 있다. 다른 상대성이론도 있는지 궁금한가? 그렇다. 정말로 있다! 특수상대성이론[36]이 특수한 것은 그것이 등속 운동을 하는 물체에만 적용되기 때문이다. 따라서 계속 일정한 속도로 선로를 따라 움직이는 기차에는 그것이 적용된다. 그러나 운전자가 가속기를 세게 밟아 계속해서 속도를 높여 질주하는 자동차는 등속 운동을 하는 것이 아니므로 그러한 자동차에는 특수상대성이론이 적용되지 않는다.

그리하여 아인슈타인은 가속 운동까지 포괄하는 일반적인 이론을 모색했고, 그 결과물이 바로 아인슈타인이 1915년에 소개한 일반상대성이론이다. 일반상대성이론의 기본이 되는 위대한 인식은 바로

---

36 "모든 것이 상대적이다"라는 말은 아인슈타인의 입에서 나온 것이 아니다. 아인슈타인은 그의 이론을 불변성 이론invariance theory이라고 불렀다. 불변의 '시공간'을 자신의 이론의 본질로 보았기 때문이었다.

중력과 가속이 서로 다르지 않다는 것이다. 자동차를 운전하며 계속 가속 페달을 밟으면 좌석 쪽으로 밀쳐지는 힘이 느껴진다. 가속되는 ⬆️ 우주선 안에서도 그런 힘을 경험하며, 닫힌 공간이라 밖을 내다보지 못하는 경우 가속과 '정상적' 중력 간의 차이를 느끼지 못할 것이다 (우주선이 적절한 속도로 움직인다는 가정하에 말이다. 빠르게 가속될수록 작용하는 힘은 더 커진다).

이런 '등가원칙'을 오래 연구한 끝에 아인슈타인은 '중력은 질량이 큰 물체가 시간과 공간에 행사하는 효과'라는 위대한 인식에 이르렀다. 앞서 나는 이미 중력렌즈를 도구로 하여 별, 은하, 암흑물질이 어떻게 공간을 굽게 하고 광선의 길을 변화시키는지에 대해 설명했다. 그러나 그것은 빛에만 적용되는 것이 아니다! 등속 운동을 하는 모든 것이 공간의 휘어짐을 따른다. 그리고 커다란 천체가 공간을 많이 휘게 하면 노선 변화는 더 강해져서 마치 커다란 천체에서 힘이 나오는 것처럼 보인다. 지구는 태양이 유발한 공간의 휘어짐을 따른다. 그리하여 마치 태양이 지구를 잡아당기는 힘을 행사하는 것처럼 보인다.

아인슈타인은 그의 유명한 '장 방정식field equation'에서 질량이 공간과 시간에 어떤 영향을 끼치는지, 또한 시간과 공간의 구조가 질량이 있는 물체의 움직임을 어떻게 변화시키는지를 자세히 설명한다. 특수상대성이론처럼 일반상대성이론도 지난 수십 년간 계속해서 실험과 관찰을 통해 확인되었으며, 오늘날 그 타당성을 의심할 이유가 없다. 그럼에도 일반상대성이론이 전부는 아니다. 아인슈타인의 상대성이론은 대담하고 실험적으로 잘 확인된 이론이지만, 현대 물리학의 두 번째 위대한 이론과 모순에 놓여 있다. 그 두 번째 이론은 바로 양자역학이다.

양자역학의 시작

양자역학 역시 1부에서 잠시 살펴본 바 있다. 태양이 에너지를 생산하는 방식을 설명하기 위해 양자역학도 필요했기 때문이다. 우리는 이쯤에서 이 이론을 다시 한 번 더 자세히 살펴보는 것이 좋을 것 같다.

1900년 독일의 물리학자 막스 플랑크는 상당히 특별하고 이론적인 문제에 골몰했다. '흑체 복사'가 어떻게 작동하는지 설명하고자 했던 것이다. 물리학자들이 상정하는 완전한 흑체, 즉 검은색 물체는 현실에서는 있을 수 없지만 다양한 이론을 테스트하는 데 중요한 역할을 한다. 흑체는 그에 도달하는 모든 빛을 흡수하고 아무것도 반사하지 않는다. 이는 흑체가 방출하는 모든 복사선은 그 스스로에게서만 나온다는 의미이기도 하다. 이런 '흑체 복사'는 온전히 온도에 좌우된다. 일반적인 물질을 가열하는 경우를 생각해볼 때에도 이를 대략적으로 이해할 수 있다. 숯을 달구면 처음에는 그리 뜨겁지 않은 상태에서 붉은색을 띠었다가 나중에 더 뜨거워지면 흰색으로 달아오르는 것을 볼 수 있다. 숯이 무슨 색을 띨지는 온도가 결정한다.

'색깔'이란 다름 아닌 특정한 빠르기로 진동하는 빛의 파동이다. 서로 다른 빠르기로 진동하는 파동은 우리 눈에 서로 다른 빛깔로 시각된다(붉은빛은 흰색이나 파란빛보다 더 느리게 진동한다). 붉게 달아오른 숯은 붉은빛 영역에서 에너지를 발산한다. 그런데 뜨거워질수록 이런 영역은 밀려나고 색깔도 바뀐다.

플랑크는 이제 모든 온도에서 흑체가 얼마나 많은 에너지를 방출하는지에 대한 공식을 찾고자 했다. 당시의 이론들로는 이를 설명할 수가 없었다. 기존의 이론들은 흑체가 늘 무한대의 에너지를 방출할 것이라고 예측했는데 그렇게 하면 문제가 풀리지 않았다. 그러던 중 플랑크는 결국 전체 물리학에 혁명을 가져오게 될 인식에 도달했다. 그는 흑체의 복사를 올바르게 설명하는 공식을 발견할 수 있었던 것이다. 그런데 이 공식은 에너지가 연속적으로 방출되지 않고 불연속적인 작은 에너지 덩어리로 방출된다는 전제에서만 통하는 공식이었다.

이미 1부에서 살펴보았듯이 이런 에너지 덩어리는 나중에 '양자'라고 불리게 되었다. 에너지는 임의의 양으로 존재할 수가 없고, 양자의 배수로만 존재할 수 있는 것처럼 보였다. 따라서 흑체가 방출하는 에너지의 양은 양자 덩어리 하나, 혹은 두 개, 세 개, 혹은 천 개가 될 수도 있었다. 그러나 양자 1과 2분의 1, 혹은 양자 5와 4분의 3 같은 것은 있을 수 없었다. 양자는 더 이상 나누어질 수 없었다. 전 세계 연구자들은 지난 수십 년간 이런 인식에서 출발하여 양자역학이라 불리는 학문을 정립했다. 에너지가 작은 에너지 덩어리인 양자로

만 존재한다는 당황스러운 인식은 시작일 따름이었다. 학자들은 곧 훨씬 더 이상한 현상들에 맞닥뜨리게 되었다.

입자 대 파동

이미 수백 년부터 학자들은 빛이 작은 입자들로 되어 있는지, 아니면 오히려 파동인지에 대해 논의를 하고 있었다. 실험은 한번은 이쪽, 한번은 저쪽 손을 들어주는 것 같았다. 그리고 드디어 물리학자들은 물리학의 가장 유명한 실험 중 하나를 통해 그 문제를 해결할 수 있었다. 그것은 바로 '이중 슬릿 실험'으로, 두 개의 좁은 틈이 있는 판으로 광선을 통과시키는 실험이다. 틈새를 통과한 빛은 그 뒤에 설치된 막에 부딪히는데, 이때 얼마나 많은 빛이 막의 특정 부분에 도달했는지를 측정할 수 있었다. 틈새 둘 중 하나를 가리고 하나에만 빛을 통과시키면 빛이 어떻게 행동할지 예측하는 것은 어렵지 않다. 막에 도착한 빛은 틈새 바로 뒤에서 가장 밝고 좌우로는 점점 더 약해진다. 그러나 틈이 두 개일 때는 어떻게 될까? 그런 경우는 소위 간섭무늬라는 것이 나타난다. 따라서 막에 밝은 영역과 어두운 영역이 교대로 나타나는 것이다(그림 10 참고).

이런 현상은 빛을 파동으로 보아야만 이해가 간다. 빛의 파동은 두 틈새가 있는 판에 도착하고, 틈새를 통과하여 빛의 파동으로 확산되어 나간다. 그런데 이제 파동이 두 개이므로 파동이 서로 간섭하고 파동 마루끼리 혹은 파동의 골끼리 서로 만나는 곳에서는 파동이 보강되어 빛의 세기가 커지고, 마루와 골이 만나 서로를 상쇄하는 곳은 어두워진다. 마루와 골이 만나 서로를 상쇄시키는 곳도 어두워진다. 그렇게 나타나는 간섭무늬는 빛이 파동임을 뚜렷이 보여준다. 그런데 이 실험을 빛이 아니라 전자들로 되풀이하면 놀라운 일이 일어난다.

전자들은 소립자들이다. 정말로 구체적이고 작은 물체들인 것이다. 따라서 전자들을 두 틈에 쏘아 보내면 정확히 두 틈 바로 뒤에 대부분의 전자들이 도달할 거라고 예상할 수 있다. 따라서 두 개의 '밝은' 영역이 생기고 나머지는 '어두울' 것이다. 그러나 전자를 쓰는 실험을 한 결과 기이하게도 빛의 파동과 같은 간섭무늬가 나타났다. 전자 역시 입자가 아니라 파동처럼 행동하며 이런 '물질의 파동'이 서로 간섭한다는 이야기였다. 전자들을 하나씩 하나씩 아주 느리게 틈새로 지나가게 한 결과도 다르지 않았다. 따라서 각각의 전자는 정말로 파동으로 행동하는 것이 틀림없었다. 전자는 두 틈을 동시에 통과하여 그 뒤에서 ─빛의 파동처럼─ 새로운 전자의 파동을 만들어내고 서로 방해했다. 이 관찰은 다르게는 설명할 수 없을 것이었다.

그러나 더 황당한 것은 이중 슬릿 실험을 약간 변화시킨 실험에서 빛과 전자는 정확히 입자로 행동한다는 것이었다. 전자가 틈새를 지나갈 때마다 감지하는 탐지기를 각각의 틈새에 설치해놓는다. 이때 전자가 파동이라면 두 틈새를 동시에 지나갈 것이다. 그리고 전자가 입자라면 이쪽 아니면 저쪽 틈새 중 하나로만 통과할 것이다. 그런데 이 실험에서는 간섭무늬가 사라졌다! 막에는 틈새 바로 뒤에 두 개의 밝은 영역만이 측정되었다. 즉 전자가 입자일 때 기대되는 결과가 나타난 것이다. 탐지기를 끄고 전자들을 틈새로 통과시킬 때에야 다시금 전자는 파동으로 행동했다.

결국 어떤 방식으로 전자를 관찰하는지가 관건이었다. 실험 조건을 어떻게 설정하느냐에 따라 한 번은 파동으로 보이고 한 번은 입자로 보이는 것이다. 많은 다른 실험도 이런 이상한 사실을 확인해 주었다. 어떤 실험 조건에서는 입자가 단지 입자처럼 행동한다. 그러나 실험 조건을 달리하면 파동의 특성을 보여준다. 따라서 입자를 '입자'라고 할 수도, '파동'이라고 할 수도 없는 것이다. 무엇을 보고자 하는가에 따라 입자들은 한 번은 이렇게 한 번은 저렇게 나타난다. 물리학에서는 이것을 '파동-입자 이중성'이라고 말한다. 이렇게 입자를 어떻게 상상해야 하는지는 상당히 어렵다. 입자는 어떻게 관찰하느냐에 따라 한 번은 입자처럼 나타나고 한 번은 파동처럼 나타나는 '무엇인가'로 상상해야 할 것이다.[37] 상대성이론의 효과에서처럼 여기에서도 일상적 경험을 토대로 한 우리의 상상력은 좌절하게 된다. 소립자 역시 우리가 일상적으로 경험하는 대상이 아니기 때문이다.

---

[37] 그러나 편의상 이후에도 '입자'라고 부르기로 하겠다.

불확정성의 원리

우리의 상상력을 초월하는 불합리하고 이상한 특성들은 양자역학의 다른 부분에서도 등장한다. 하이젠베르크의 '불확정성의 원리'도 그렇다. 독일의 물리학자 베르너 하이젠베르크Werner Heisenberg가 1927년 정립한 이 원리에 의하면 우리는 아주 작은 입자에 대해 간단히 모든 것을 알 수는 없다. 우리의 상식에 따르면 모든 입자는 특정 시점에 특정한 장소에 존재하고 특정한 속도로 운동하는 것이 당연해 보인다. 그리고 우리의 일상 세계에서는 정말로 그렇다. 예컨대 나는 지금 책상 앞에 앉아 전혀 움직이지 않고 있다. 내 창문 앞의 거리에서는 빨간색 오펠(자동차 이름)이 횡단보도 앞에 멈춰 서서 마찬가지로 움직이지 않고 있다. 그러나 하얀색 BMW는 교차로 한가운데에서 시속 약 30킬로미터로 달리고 있다. 모든 것이 그의 위치와 속도를 갖는다. 그리고 원한다면 나는 속도를 측정하는 스피드건과 사진기를 창가에 세워놓고 보이는 물체들의 정확한 위치와 속도를 규정할 수 있을 것이다.

그런데 양자 세계의 작은 입자들의 경우는 어찌하여 그렇게 할 수 없는 걸까? 소립자들을 현미경으로 관찰하고, 레이저 빔으로 조사하고, 그 밖의 조치들을 취해 그들의 위치와 속도를 규정할 수 있지 않을까? 하이젠베르크는 그렇게 할 수 없다고 말한다. 아무리 애를 쓰고 기발한 방법을 생각해내도 한 입자의 위치와 속도를 동시에 측정하는 것은 불가능하다는 것이다. 측정을 하려면 어쩔 수 없이 측정하고자 하는 대상과 접촉을 하게 된다. 현미경을 이용하는 경우 실험 대상에 광선을(전자 현미경의 경우 전자를) 주사嗣히게 피고, 반사되는 빛들(혹은 전자들을) 관찰한다. 그러면 그 입자가 특정 시점에 어디에 있었는지를 규정할 수 있다. 그러나 그러기 위해서는 빛이나 전자들을 조사해야 했다. 즉 측정하고자 하는 대상을 빛이나 전자들로 '밀어서' 속도를 변화시켰다. 반대로도 마찬가지다. 속도를 측정하고자 할 때는 위치를 정확히 측정할 수 없다.

모든 측정 과정은 측정 대상에 영향을 미치고, 그 때문에 결코 위치와 속도 두 가지를 정확하게 규정하는 것이 불가능하다. 한 가지 값을 정확히 규정하려고 할수록 다른 값은 부정확하게 측정된다. 이중 슬릿 실험을 기억하면 이해가 갈 것이다. 그 실험 결과는 우리에게 입자는 입자일 뿐 아니라 파동이기도 하다는 것을 보여주었다. 파동은 측정할 수 있는 정확한 위치를 갖지 않는다.

에너지의 양자화와 파동-입자 이중성과 더불어 불확정성의 원리는 양자 세계의 또 하나의 상상하기 힘든 특성이며 위치와 속력[38]뿐 아니라, 크기의 다른 쌍에도 적용된다. 불확정성의 원리는 하나의 크기를 규정하는 동시에 우리가 크기의 변화를 알려고 할 때마다 개입한다. 위치를 바꾸지 않는 것은 움직이지 않고, 빨리 움직일수록 위치 변화도 커진다. 따라서 속도는 다름 아닌 위치의 변화율이며, 하이젠베르크에 따르면 속도는 절대로 위치와 함께 정확히 규정할

---

38 엄밀히 말하면 위치와 운동량이다. 운동량은 속도와 질량의 곱으로 주어진 물리량이다.

수 없다. 에너지와 에너지의 변화율은 결코 동시에 정확히 규정될 수 없다. 이것은 놀라운(양자역학이니 어찌 그러하지 않을 수 있겠냐마는) 결과를 갖는다. 불확정성 원리에 따르면 빈 공간은 결코 완전히 비어 있을 수 없게 되는 것이다!

아무것도 없는 곳에서
많은 일이 일어난다?

앞서 나는 별 사이와 은하 사이는 아무것도 없이 비어 있다고 말했고, 우주가 얼마나 비어 있는지 누누이 강조했다. 일반적인 잣대를 대면 그곳은 정말로 비어 있다. 여기저기에 이런저런 원자 혹은 성간 물질 분자들이 있다. 그러나 그 외에는 우리가 보통 상상하는 것처럼 텅 빈 진공 상태다. 텅 빈 공간에 아무것도 없다면, 그곳에는 질량도, 에너지도 없을 것이다(두 가지는 등가다: $E=mc^2$). 그곳에 아무것도 없다면 또한 아무 일도 일어나지 않을 것이다.

우리의 일상적 경험은 최소한 그렇게 이야기한다. 그러나 양자역학은 완전히 다른 의견이다. 진공에 아무것도 존재하지 않고 아무 일도 일어나지 않는다면, 에너지도 에너지의 변화율도 0일 것이다. 그리하여 두 가지 값을 동시에 정확히 알 수 있게 되는 것이며, 불확정성의 원리에 따르면 그것은 불가능한 일이다. 우리는 한 가지 값을 더 잘 알수록 다른 값은 잘 모른다. 따라서 에너지의 값이 정확히 0일 경우 불확정성의 원리에 따르면 그 에너지의 변화율은 전혀 정해져 있지 않다. 따라서 변화율은 임의의 것이 될 수 있고 우리 공간의 에너지 값은 0으로부터 갑자기 다른 값으로 변할 수 있다.

그리고 에너지와 질량은 등가이므로, 진공 한가운데에서 갑자기 입자들이 생겨날 수 있다. 즉 아무것도 없는 곳에 사실은 상당히 많은 일이 있을 수 있다는 말이다! 관찰하는 영역이 작을수록 에너지의 변화율도 그만큼 더 정확히 측정할 수 있지만, 변화율을 점점 더 정확히 알게 되면 에너지 자체는 점점 더 부정확하게 될 수밖에 없다. 에너지와 갑작스럽게 등장하는 입자들의 질량은 점점 더 커질 수 있다. 그러나 에너지는 계속 보존되어 있어야 하므로, 매번 한 입자와 그와 상반된 전하를 가진 반입자가 생성되고, 둘은 거의 곧장 다시금 서로를 파괴한다. 이런 입자들은 신속하게 소멸하기 때문에 우리는 이들을 '가상 입자'라고 칭한다. 그리고 그것들이 텅 빈 공간에서 계속하여 나타났다가 사라지는 것을 '진공 요동'이라고 일컫는다.

이제 누군가는 드디어 물리학자들의 환상이 극에 달했다고 생각할지도 모른다. '무無로부터 등장했다가 다시 사라지는 입자라고? 말도 안 돼!'라고 할 수도 있다. 그러나 양자역학에서 자주 그랬듯이 여기서도 이런 이상하고 이해할 수 없는 현상은 실험으로 입증되고 있다.

모순을 해결하는 새로운 이론

진공에 정말로 우주로 '뽕' 하고 솟았다가 다시금 사라지는 순전한 가상 입자가 있다고 생각해보자. 그리고 이런 진공에 두 개의 판을 아주 가까이에 위치시켜보자. 이런 조건은 일단은 아무것도 변화시키지 않는다. 여전히 입자들은 생겨났다 사라진다. 이곳에서 입자들이 입자들일 뿐 아니라 파동이기도 하다는 사실을 상기해보자. 파동은 자리를 필요로 한다. 그러므로 입자들의 파동이 판들 사이에서 등장하려면 판 사이에 맞추어져야 할 것이다. 그리고 그것은 특정 파장을 가지고 있을 때에만 가능하다. 두 판 밖에서는 입자 파동이 원하는 대로 생겨날 수 있다. 자리가 충분하기 때문이다. 두 판 사이에는 특정 파장이 만들어져 입자들이 적게 생겨나고, 그렇게 되면 마지막 효과로 두 판을 누르는 압력이 생겨날 것이다. 따라서 진공이 정말로 완전히 비어 있다면 두 판은 그곳에 그냥 걸려 있을 것이다. 반대로 진공이 입자들로 득시글거린다면, 두 판이 서서히 서로 합쳐지는 것을 관찰할 수 있을 것이다. 네덜란드의 물리학자 헨드릭 카시미르Hendrik Casimir는 1948년에 이를 예언하였고, 구 소련의 학자들은 1956년 마침내 이런 효과를 구체적으로 측정할 수 있었다. 진공 요동은 정말로 일어나고 있고, 이것이 바로 양자역학과 상대성이론이 부합하지 못하는 이유이다.

일반상대성이론의 주된 결과를 기억해보자. 그것은 질량이 공간을 휘어지게 한다고 이야기한다.[39] 또한 그것은 별과 은하뿐 아니라 질량을 가진 모든 것에 적용된다. 진공 속에서 계속하여 생겨났다가

---

[39] 정확히 말해 질량은 공간뿐 아니라, 시공간 전체를 굽게 한다. 그러나 질량이 시간에 미치는 효과는 여기서의 숙고에는 별다른 역할을 하지 않으므로 편의상 '공간의 휘어짐'이라고만 일컬으려 한다.

다시 사라지는 가상 입자들에게도 적용된다. 존재하는 시간은 짧지만, 이런 시간에 그 가상 입자들은 중력으로 인해 공간을 굽게 할 것이다. 따라서 비어 있는 공간의 구조는 매끈하지 않고 가상 입자들이 얼마나 많이 생겨나느냐에 따라 계속하여 변한다. 그들이 에너지를 많이 가지고 있을수록 휘어짐도 심해진다. 그러나 불확정성의 원리는 관찰 시간이 짧을수록 입자들의 에너지가 강하다고 이야기한다. 그러므로 짧은 시간 동안 생성되는 입자의 에너지는 상당할 것이고, 그로써 공간을 상당히 휘게 할 것이다. 공간은 거칠게 들쭉날쭉하고 그 들쭉날쭉함은 관찰하는 범위가 작을수록 더 심해진다. 결국 아주 작은 범위에서는 혼란이 심해서 일반상대성이론이 더 이상 통하지 않을 것이다.

일반상대성이론은 공간이 충분히 매끈하다고 가정한다. 그렇지 않으면 공식이 더 이상 적용될 수 없다. 우리가 크고 질량이 많이 나가는 천체들만 관찰하면, 상대성이론은 놀랍도록 맞는다. 반면 작고 가벼운 양자 세계 입자들의 행동을 묘사하는 데에는 양자역학이 매우 적합하다.

그러나 질량이 큰 동시에 작은 물체들의 경우에는 문제가 발생한다. 가령 엄청나게 무거운 동시에 상대성이론에 따라 거의 점 같은 형태일 것이 틀림없는 블랙홀 같은 천체의 경우 말이다. 빅뱅 직후의 우주 역시 질량이 큰 한편 엄청나게 작은 것이다. 블랙홀이나 우주 초기 시대를 묘사하려 할 때는 상대성이론과 양자역학의 발언이 모순을 빚는다. 여기서 우리는 상대성이론도 양자역학도 우리의 우주를 묘사하는 최종적이고 궁극적인 이론이 아님을 알게 된다. 원칙적으로는 안 될 것도 없겠지만, 우리의 세계를 정확히 묘사하기 위해서고 모르는 두 이론이 필요하다는 것은 좀 이상하다. 그리하여 모든 물리학자들은 또 다른 이론이 있을 거라고 보고 있다. 상대성이론과 양자역학을 아우르며 모순을 해결할 수 있는 이론 말이다. 우리는 아직 이런 이론을 발견하지 못했다. 그러나 최소한 '통합 이론'의 유력한 후보가 몇몇 있기는 하다.

끈이론을 이해하는 방법

전 세계의 이론물리학 연구소를 돌며 어떤 이론이 앞으로 상대성이론을 양자역학과 통합시킬 수 있을 것 같으냐고 물으면 십중팔구 "끈이론(초끈이론)!"이라는 대답이 나올 것이다. 끈이론string theory은 1980년대부터 연구되고 개발되었으며, 양자물리학과 상대성이론보다 더 이상하고 더 불합리한 것으로 다가온다. 기본이 되는 생각은 아주 간단하다. 우주가 작은 소립자로 되어 있는 것이 아니라, 끈으로 되어 있다는 것이다. 끈이론에 의하면 물질의 미세한 구성 요소는 점같이 생긴 입자가 아니라 악기의 현처럼 진동할 수 있는 1차원의 끈이다. 그것이 어떻게 진동하느냐에 따라 우리에게 다양한 소립자로 보인다. 매우 우아한 콘셉트다.

오늘날 입자물리학의 표준 모델에는 다양한 입자들이 있다. 오늘날 이미 열여섯 가지의 기본 입자가 알려져 있으며, 최소한 그만큼은 더 있으리라고 추측되고 있다. 반면 끈이론에서 말하는 것은 기본적인 끈 단 하나뿐이다. 이 끈에는 에너지가 많을 수도 있고 적을 수도 있다. 또 이 끈은 다양한 방식으로 진동할 수 있다. 기타의 현이 서

로 다르게 진동하면 서로 다른 음이 나는 것처럼 끈의 다양한 진동은
우리에게 다양한 입자로 나타난다.

유력한 가설

누군가는 의문을 가질지도 모른다. '소립자가 입자가 아니라 얇은
끈이라면 그걸 금방 분간할 수 있지 않을까? 끈과 입자는 엄연히 다
른 것 아닌가!' 하고 말이다. 그런데 끈이 정말로 작다면 어떨까? 실
제로 끈이론에서의 끈은 정말로 작다! 일반적인 소립자가 얼마나 작
은지는 상상하는 것조차 불가능하다. 전자만 해도 그렇다. 전자는
작은 입자로 관찰한다면(전자는 입자일 뿐 아니라 파동이라는 것을 이중
슬릿 실험을 통해 알고 있지만), 반지름이 0.0000000000000028미터 정
도인 입자라고 할 수 있다. 그렇게 짧은 길이를 어떻게 가늠할 수 있
을까? 이런 전자를 자동차 배기구에 낀 1마이크로미터 정도 직경의
고운 먼지와 비교하면 이 먼지 안에 10^{24}개의 전자가 들어갈 수 있을
정도다. 이 역시 도무지 상상할 수 없는 수준이다.

그러나 끈은 이보다도 훨씬 더 작다! 끈의 길이는 0.00000000000
00000000000000000000001미터 정도밖에 안 될 것이다! 소수점 뒤
에 0이 34개나 있는 것이다. 전자를 천조 배 확대시키면, 약 3미터
정도 될 것이다. 끈의 경우는 천조 배 확대시켜도 확대되지 않은 전
자보다 10만 배 더 작다. 그러므로 어쨌거나 끈은 정말이지 상상할

수 없이 작은 것이다. 최신 기기들과 최대의 입자가속기로도 소립자가 정말로 끈으로 되어 있는지 그렇지 않은지 감조차 잡지 못할 지경이다. 그리하여 지금으로서는 끈이론의 유효성을 확인할 수 있는 그 어떤 실험도 고안되지 않았다. 그 이론을 더 잘 이해해야만이 실험적 점검이 가능한 예측을 할 수 있을 것이다. 그러나 당분간은(혹은 영원히) 원자의 경우처럼 아주 특별하고 성능 좋은 현미경 같은 것으로 끈을 직접 관찰한다거나 직접적으로 증명하는 일은 불가능할 것이다.

하지만 의기소침해질 필요는 없다. 유럽원자핵공동연구소의 대형 강입자충돌기처럼 커다란 입자가속기를 동원한 실험에서 우주에 대한 우리의 시각을 근본적으로 변화시키는 새롭고 예기치 않은 결과들이 나올 수도 있기 때문이다(사진 10 참고). 그렇게 되면 끈이론을 더 잘 이해하고 점검할 수 있는 방법을 발견하게 될 수도 있다.

끈이론이 실험적으로 증명되지 않았다는 점은 바로 끈이론이 가장 비판을 받는 부분이다. 끈이론을 예측할 수도 검증할 수도 없는 한, 끈이론을 진지한 이론을 받아들일 수 없다고 말하는 사람들이 많다. 그 말도 일리가 있다. 그러나 끈이론을 연구하는 이들은 이런 약점을 극복하려고 최선을 다하고 있다. 유감스럽게도 끈이론은 아주 복잡하고 지금에서야 겨우 한 걸음 한 걸음 만들어져가고 있는 형편이다. 그리하여 구체적인 예언을 하기는 어렵다. 그러나 꽤 유력한 가설들이 있고, 그중 하나는 충돌하는 우주와 관계가 있다!

이를 설명하기 위해 우리는 우선 끈이론을 약간 더 자세히 살펴보아야 한다. 끈은 작다. 그리고 진동한다. 다양한 방식으로 진동함으로써 우리에게 다양한 소립자로 보인다. 여기까지는 상대적으로 이해하기가 쉽다. 그러나 그다음으로 서로 다른 소립자처럼 나타나려면 끈이 정확히 어떻게 진동해야 하는지를 알려고 했을 때 학자들은 문제에 봉착하고 말았다. 끈이 움직이는 방향이 충분히 드러나지 않았던 것이다.

우리의 세계는 3차원의 공간으로 되어 있다. 그것은 우리가 원칙적으로 세 가지 방향으로만 움직일 수 있다는 의미이다. 앞과 뒤, 오른쪽과 왼쪽, 아래와 위로 말이다. 악기의 현도 이런 세 차원에서만 진동할 수 있고 정말로 그렇게 한다. 기타의 현을 뜯으면 현은 아래위로 진동한다. 다른 두 방향으로도 약간씩은 진동한다. 그러나 이것은 끈이론의 끈을 설명하기에는 충분하지 않다. 알려진 모든 소립자를 만들 수 있기 위해 끈은 아주 복잡한 방식으로 진동해야 하므로 세 방향만으로는 충분하지 않다. 학자들은 최소한 아홉 가지 방향이 필요한 것으로 확인했다.

9차원을 인식할 수 있을까?

아홉 가지 방향이 필요하다? 그렇다면 나머지 여섯 개의 방향은 어디에 있단 말인가? 아주 힘을 들이면 하나의 '새로운' 방향으로 갈 수 있을까? 그렇게 하더라도 우리는 여전히 우리에게 알려진 세 가지 차원에 갇혀 있게 될 것이다. 이렇게 공간이 9차원이 아니라 3차원으로만 되어 있는 것이 분명해 보인다 할지라도, 차원이 더 필요하다는 생각은 말도 안 된다고 깎아내려서는 안 될 것이다. 나머지 차원들은 아주 작을 수도 있기 때문이다.

'작은' 차원들은 상대적으로 쉽게 그려볼 수 있다. 아주 커다란 종이 한 장으로 이루어진 세계가 있다고 생각해보자. 이 세계에는 개미 한 마리와 다람쥐 한 마리가 산다. 그리고 둘은 종이를 떠날 수 없다. 따라서 그들에게는 움직일 수 있는 방향이 두 가지, 앞뒤 그리고 좌우(이런 평평한 종이의 세계에 위아래는 없으니 개미와 다람쥐는 언제나 종이 위에 남아 있어야 한다)밖에 없다. 두 동물은 약간 지루한 세계에서 뛰어다니지만 모든 것은 문제없이 돌아간다. 그런데 이 둘이 잠을 자고 있을 때 나쁜 인간이 와서 종이를 작은 두루마리로 돌돌 말아버린다. 몇 밀리미터 되지 않는 두께로 말이다. 이제 다람쥐가 깨어나서 보니 익숙한 평평한 종이 세계 대신 얇고 긴 끈이 앞에 보인다. 다람쥐는 이식 앞으로 혹은 뒤로는 갈 수 있다.

하지만 세계의 두 번째 차원은 사라져, 다람쥐가 가느다란 종이관 위에서 좌우로 움직이는 것은 더 이상 불가능하다. 그러나 개미에게 이 일은 아주 다르게 다가온다. 물론 개미에게도 세계는 돌돌 말려 있지만, 개미는 그에 개의치 않을 정도로 조그맣다. 개미는 계속하여 앞뒤로 움직일 수 있을 뿐 아니라, 돌돌 말린 종이를 빙 돌아 좌우로도 기어 다닐 수 있다. 계속해서 두 가지 차원을 볼 수 있을 정도로 작기 때문이다.

우리의 세계 역시 그렇게 만들어져 있는지도 모른다. 우리가 인식할 수 있는 커다란 차원은 세 개이지만, 자기가 속한 세계의 두 번째 차원이 작게 말려져 있어 다람쥐의 눈에 더 이상 보이지 않는 것처럼 우리 세계의 나머지 여섯 차원도 말려져 있어서 우리에게 숨겨져 있는지도 모른다. 우리가 끈처럼 작아질 수 있다면, 갑자기 아홉 차원을 인식하게 될지도 모른다.

우리가 지각하지 못하는 방향으로 진동하는 미세한 현으로 만들어진 세계! 믿기지는 않지만, 끈이론은 실제로 양자역학과 상대성이론을 통합시키는 이론일 수도 있다. 끈이론은 위에서 이야기한 진공 요동과 공간이 들쑥날쑥 혼잡해지는 문제를 해결해준다. 끈은 미세하지만 기다랗고, 점이 아니다. 그보다 더 작은 범위의 공간을 관찰하는 것은 불가능하다. 물질의 가장 작은 구성 성분(끈)보다 더 작은 범위를 관찰하려고 하자마자 '더 작다'라는 말은 모든 의미를 잃는다.

끈은 임의로 작은 범위의 공간을 관찰하지 못하도록 하는 장애물이다. 그로써 불확정성의 원리 덕분에 계속해서 진공에서 생겨나는 가상 입자도 더 이상 질량이 임의로 커질 수 없게 되고 상대성이론과 문제를 빚을 만큼 공간을 심하게 일그러뜨리지 못한다. 끈은 실로 진공이 들쭉날쭉해지는 현상을 폐지하지는 않지만, 문제를 유발할 만큼 그 현상이 심해지지는 않도록 한다. 그뿐만이 아니다. 끈은 빅뱅 이전에 무슨 일이 있었고, 우리가 사는 우주가 어디에서 연유했는지에 대한 오랜 질문에도 대답할 수 있을 것이다.

브레인의 세계

1995년까지 끈이론을 연구한 이들은 작은 문제를 가지고 있었다. 진동하는 끈이 어떻게 행동하는가를 묘사하려는 시도에서 그들은 단 하나의 이론이 아니라, 다섯 개의 이론을 개발했다! 각 이론은 끈을 다양한 방식으로 묘사하였고, 이는 모두 소립자의 세계를 묘사할 수 있었다. 그러나 아무도 그중 하나가 정말로 현실을 묘사하는 것인지, 그렇다면 다섯 개의 이론 중 무엇이 맞는지 알지 못하는 것이 문제였다. 철학적인 관점에서도 상황은 불만족스러웠다. 어쨌든 끈이론은 지금까지의 모든 이론을 통합시키는 이론이어야 하는데, 서로 다른 다섯 개의 버전이라니 말이 되지 않았다. 무엇보다 다섯 이론 모두가 수학적 · 물리학적 관점에서 비슷비슷한 타당성을 가진 것이라면? 그럴 경우 더욱더 문제가 되는 일이었다. 다행히 미국의 수학자 에드워드 위튼Edward Witten은 이런 궁지를 우아하게 해결했다. 그는 다섯 버전이 사실은 다른 이론이 아님을 규명했다. 그들은 모두 같은 포괄적인 이론의 서로 다른 특성일 뿐이었다.

위튼은 그 이론에 'M이론'이라는 이름을 붙였다. M이 무슨 뜻인지에 대해서는 오늘날까지 논란이 분분하다. Master, Magic, Mystic, Majestic, Matrix……. 제안은 충분하다. 하지만 그 이름은 이론 자체처럼 신비에 싸여 있다. 아직 M이론에 대해 알려진 것이 거의 없기 때문이다. 여하튼 끈이론의 다섯 버전을 통합하는 이론이 공간의 추가적인 차원을 하나를 필요로 한다는 것은 알려졌다. 그때까지 알려진 끈이론 방정식은 M이론 방정식의 근사치일 뿐이라 마지막 차원을 간과했다는 것이었다. 그리하여 이제 우리의 우주는 아홉 차원이 아니라 열 개의 차원을 가지고 있는 것으로 인식되었다. 1차원의 끈이 아마 전부가 아니라는 것도 드러났다.

M이론은 끈의 개념을 일반화시켜 '브레인'에 대해 이야기한다. 브레인은 'membrane(막)'이라는 개념을 일반화시킨 것으로 비누방울의 막과 같은 얇은 막이다. 끈이 1차원의 가느다란 '실'인 것처럼, M이론에 따르면 더 높은 차원의 또 다른 기본적인 구성 성분들이 있다. 가령 '2-브레인'은 2차원의 평평한 막이다(이런 도식에서 끈은 1-브레인이라고 할 수 있다). 3차원의 3-브레인도 있다(그림 11 참고). 4-브레인, 5-브레인 등 총 9-브레인까지 있다(이런 것이 무엇이든 간에

우리 인간들은 3차원 이상을 상상하지 못한다).

M이론이 맞다면 우리는 모든 것이 서로 다른 종류의 브레인으로 구성된 '브레인의 세계'에 살고 있다고 할 것이다. 우리의 전 우주도 하나의 브레인일 수도 있다. 앞에서 나는 끈이 얼마나 엄청나게 작을 수 있는지를 자세히 설명했다. 이것은 원칙적으로 브레인에도 적용된다. 그러나 브레인에 아주 많은 에너지가 들어 있으면 브레인은 커지고 불어날 수도 있다. 일반적으로는 그렇게 많은 에너지를 아무 데서도 얻을 수 없지만, 오래전에 엄청난 에너지를 방출한 사건이 있었다. 바로 빅뱅이다! 빅뱅은 작은 3-브레인을 엄청난 크기로 부풀릴 수 있었을 것이고 그것이 오늘날 우리의 우주일 수도 있다. 그리고 이런 우주는 훨씬 더 커다란 세계의 일부분에 불과할 것이다. 어쩌면 다른 많은 우주 브레인이 있는 10차원 공간의 하나의 물체일 뿐일지도 모른다.

우주도 훨씬 더 커다란
세계의 일부분이라며

여기서 잠깐 생각해보자. 우리는 어떻게 이런 어마어마한 브레인을 전혀 감지하지 못하는 걸까? 그것은 어디에 있을까? 다중우주가 있는 '초공간'은 어디에 있으며 어찌하여 우리에겐 그런 것들이 보이지 않는 걸까? 그것은 ―정말로 그런 것이 있다면― 끈과 브레인이 특정 방식으로 서로 연관되어 있기 때문이다. 우리의 일반적인 세계의 입자, 즉 광자는 M이론에서 끈으로 설명된다. 이런 빛의 입자는 전자기력을 전달하고, 빛 혹은 다른 종류의 복사선이 되어 우리로 하여금 세계를 기록하고 감지하게 한다(우리의 눈으로든 다른 측정 도구로든 간에 말이다).

끈이론(초끈이론)에서(혹은 M이론에서) 광자는 소위 '열린 끈'으로 묘사된다. 이것은 수직 양탄자의 실과 비슷하다고 상상할 수 있다. 끈의 한쪽 끝은 우리의 우주를 이루는 3-브레인에 붙어 있다. 그리고 다른 쪽 끝은 브레인을 통해 자유롭게 움직일 수 있다. 브레인을 통해 자유롭게 움직일 수 있기에 이런 브레인들은 광자와 우리 눈에 감지되지 않는다(지난 장에서 살펴본 암흑물질처럼 말이다). 그리고 브레인의 다른 끝은 고정되어 있기에 광자는 3-브레인을 떠날 수 없다. 그로써 우리는 3-브레인 밖에서 일어나는 것을 지각할 수가 없다. 그러므로 위에서 말했던 추가적인 차원도 꼭 작게 말려 있을 필요는 없다. 차원들이 생각보다 클지라도 우리는 새로운 방향을 볼 수 없을 테니까 말이다.

우리 모두는 빠져나갈 기회가 없이 우리의 막에 붙잡혀 있고 결코 바깥을 볼 수가 없다. 광자와 전자기력에 적용되는 것은 나머지 힘과 입자에도 적용되기 때문이다. 아무것도 브레인을 떠날 수 없다. 한 가지 예외가 있다. 중력은 특별한 지위를 가진다. 중력은 M이론의 차원에서 '닫힌 끈'으로 대표되는 입자로 설명된다. 이런 닫힌 끈들은 브레인에 꽉 붙어 있지 않고 닫힌 매듭을 이루어 10차원의 공간을 자유롭게 돌아다니고 그로써 우리의 브레인을 떠날 수도 있다. 따라서 우리가 우리의 우주 밖에 대해 지각할 수 있게 하는 유일한 것은 중력이다. 또 다른 브레인 우주가 우리의 우주를 스쳐 가면 우리는 그것을 보지는 못하지만 그것의 중력은 느낄 수 있을 것이다.

두 우주의 충돌

두 개의 우주 브레인이 M이론의 10차원 공간에서 서로 가까워지면 그들은 그 안에서 자유롭게 움직일 수 있는 중력 덕분에 서로에게 힘을 행사한다. 두 은하가 서로를 끌어당기고 서로를 향해 움직이는 것처럼 우주들도 서로 영향을 끼친다. 물리학자 폴 슈타인하르트Paul Steinhardt와 닐 투록Neil Turok은 이런 현상이 정확히 어떻게 일어날 수 있는기를 계산했다. 우주들은 일어나야 할 것이 일어나기까지 점점 더 가까워진다(그리고 일어나야 할 것은 바로 이번 장의 처음부터 기다렸던 것이다). 바로 두 우주가 충돌하는 것 말이다. 나는 완전한 두 우주의 충돌을 어떻게 구체적으로 그려볼 수 있는지 전혀 알지 못한다. 이런 차원의 사건은 단순한 인간의 두뇌로 생각하기에는 벅차다. 따라서 나는 일단은 우주 충돌에 대한 비유를 찾으려고 애쓰지 않고 엄청난 야단법석이 생긴다고만 해두려고 한다.[40] 그러나 슈타인하르트와 투록은 그런 단순하고 모호한 설명으로 만족하지 못하고 그런 충돌이 어떤 결과를 빚을지 정확히 산정했다.

브레인에 있는 모든 것은 파괴될 것이다. 좋다. 뭐, 이것은 놀랍지 않다. 두 우주가 충돌하는데 어떻게 다른 것을 기대할 수 있겠는가. 그러나 두 우주가 다시 분리되어 서로 멀어져갈 때 일어나는 일은 놀랍다. 그다음에 진행되는 일은 원칙적으로 빅뱅우주론에서 이야기하는 것과 동일하다. 커다란 충돌 후에 초기 우주는 에너지로 가득 찼었다. 그리고 이 에너지로 말미암아 공간이 확장되었다. 에너지로부터 첫 번째 물질이 생겨났고, 첫 물질에서 첫 원자들이, 후에 첫 별들이, 첫 은하들이, 아주 오랜 후 첫 인간이 탄생했다. 지금까지 이루어진 어떤 관찰과 실험도 빅뱅이 우리 우주와 다른 우주의 충돌을

---

40 적당한 비유가 떠오르는 독자는 주저하지 말고 알려주길 바란다!

통해 일어났다는 명제에 모순되지 않는다. 그러나 이런 우주적 충돌 모델을 확인해주는 관찰 또한 없다. 최소한 지금까지는 말이다. 왜냐하면 빅뱅과 우주 충돌 모델을 칭하는 '에크파이로틱 우주ekpyrotic universe'는 완전히 동일한 것이 아니기 때문이다. 우리는 우리 우주의 가장 오래된 구조에서 생성 시기의 흔적을 관찰할 수 있을 것이고, 우주가 충돌을 통해 생겨났는지 아닌지를 확인할 수 있을 것이다.

2009년 5월 유럽우주기구는 플랑크 우주망원경을 우주로 보냈다. 플랑크 우주망원경의 임무는 소위 '우주배경복사'를 측정하는 것이었다. 우주배경복사는 빅뱅 이후 곳곳에서 맴돌던 원자핵과 전자가 식어서 첫 원자로 합쳐질 때 생겨났다. 비로소 그 이후에야 빛은 확산될 수 있었다. 그 전에는 계속해서 모든 곳에 존재하는 입자들에 의해 차단되고 저지되었기 때문이다. 그러나 이후에는 충분한 자리가 있었고 모든 방향으로 뻗어나갈 수 있었다. 우리는 오늘날에도 멀고 먼 영역에서 오는 이런 최초의 빛의 입자들을 받을 수 있으며, '플랑크'는 이런 목적을 위해 제작된 최신 기기이다. 우주 최초의 복사는 우주 최초의 구조들에 대해 암시를 준다. 원래 처음에는 모든 것이 상당히 고르게 분포되어 있었을 것이라고 한다. 그러나 여기서 다른 우주와의 충돌이 장애를 유발했을 수도 있다. 이것은 오늘날에도 확인이 가능할 것이다. 플랑크는 2011년 말까지 하늘을 네 번 완벽하게 측정하고 나서 임무를 끝냈다. 이제 데이터가 분석되고 있다. 독자들이 이 책을 읽을 때쯤이면 정말로 오늘날의 우주가 충돌을 통해 생겨난 것인지 답이 나올 수도 있지 않을까?

책의 마지막에 나는 다시 처음으로 돌아왔다. 우리는 천체들 사이의 충돌이 우주가 우리에게 마련해준 가장 어마어마한 파국에 속한다는 것을 보았다. 지구와 소행성이 충돌하면 지구 위의 모든 생명이 싹쓸이되거나 지구가 완전히 파괴될 수도 있다. 그러나 우리는 충돌이 파괴도 가져오지만, 우리가 알고 있는 생명을 비로소 가능케 한다는 것을 알았다. 소행성과 행성 사이의 충돌은 지구를 탄생시켰고 오늘날과 같은 행성으로 만들었다. 태양 속 원자들의 충돌은 우리가 생명을 유지하는 데 필요한 빛과 열을 만들어낸다. 상상할 수 있는 가장 큰 충돌인 두 우주의 충돌 역시 파괴를 가져왔을 뿐 아니라, 우리가 살고 있는 이런 놀라운 우주를 비로소 탄생시킨 동인이었을 수도 있다.

한 가지는 확실하다. 우리의 우주는 스펙터클한 기적으로 가득 찬 드넓고 매력적인 장소라는 것이다. 우주는 원자들 외에 더 이상 아무것도 없는 광대하고 텅 빈 공간이 되었을 수도 있다. 그러나 우주에는 은하도, 별도, 행성도 있다. 그리고 최소한 하나의 행성에는 지적 생명체가 살고 있어 우주의 아름다움을 느끼고 이해하고 연구하고 있다. 충돌이 없었으면 가능하지 않았던 일이다.

갈색왜성

행성이라고 하기에는 너무 크고, 별로 보기에는 너무 작은 천체. 갈색왜성의
질량은 목성의 13배에서 75배 사이이다. 내부에서 단기간 핵융합이 진행될
정도의 질량은 되지만, 얼마 못 가 핵융합이 중단되어 에너지를 거의 생산하
지 못한다. 그리하여 진짜 별보다 온도가 훨씬 낮으며 훨씬 약한 빛을 낸다.

광년

천문학에서 사용되는 거리의 단위. 광년은 빛이 1년 동안 나아가는 거리로,
약 9조 5000억 킬로미터에 해당한다. 태양계의 직경은 약 1광년이다(그중 행
성들이 분포하는 공간은 아주 작아서, 약 10분의 1광년 정도이다). 반면 우리의
태양에서 가장 가까운 별은 4광년 이상 떨어져 있다. 은하수는 약 10만 광년
크기이다.

구상성단

중력으로 서로 뭉쳐 있는 별들의 모임. 그러나 은하보다는 작은 규모로, 훨
씬 적은 수의 별들(몇십만 개에서 몇백만 개 정도)을 거느린다. 우리 은하수
주변에도 100개가 넘는 구상성단이 있다.

기본 힘basic force

물리학은 네 가지 기본 힘을 바탕으로 자연의 모든 과정과 현상을 설명한다.
'강한 핵력'은 물질을 이루는 소립자를 서로 결합시키는 힘이다. '약한 핵력'
은 방사성 붕괴에 작용하는 힘으로 다양한 원소들이 서로 변환하는 데 중요
한 역할을 한다. '전자기력'은 인간이 직접적으로 지각할 수 있으며, 일상의

현상 대부분에 적용된다(빛, 전기, 자기, 화학 등). 중력 역시 인간이 지각할 수 있는 힘으로, 물체로 하여금 서로 끌어당기고 상호작용하게 하는 힘이다.

끈

끈이론에서 물질을 이루는 기본 단위. 물리학적 표준 모델에서 상정하는 점 형태의 소립자와 달리 끈은 다양한 방식으로 진동할 수 있는 1차원적인 현이다. 서로 다른 진동 상태가 우리에게 서로 다른 소립자로 나타나는 것이다. 끈은 상상할 수 없을 정도로 작으며 지금까지 실험적으로 증명되지는 않았다.

끈이론(초끈이론)

물질이 점 같은 소립자가 아니라 1차원적인 끈으로 이루어진다는 생각에 기반을 둔 가설이다. 끈이론이 지금까지 실험적으로 확인된 바는 없으며, 끈이론을 더 확장시킨 것이 바로 M이론이다.

동위원소

한 원자의 다른 버전. 모든 원자는 양성자와 중성자로 구성된 원자핵을 가지고 있다. 어떤 원소인지(예컨대 금인지, 수소인지, 철인지)를 결정하는 것은 양성자 수이다. 그러나 같은 원소라도 원자핵 속의 중성자 개수가 다를 수 있으며, 이렇게 양성자 수는 같은데 중성자 수가 다른 원소를 동위원소라 한다. 동위원소는 보통 불안정하며, 방사성이 있어 다른 원자로 붕괴된다.

미행성

행성이 되기 전 단계의 작은 천체들. 태양이 형성된 후 가스와 먼지로 이루어진 원반이 태양 주위를 두르고 있었고 세월이 흐르면서 이런 물질로부터 작은 암석 덩어리인 미행성이 생겨났으며, 미행성으로부터 커다란 행성이 탄생했다. 행성이 되지 못하고 남은 미행성이 오늘날의 소행성과 혜성이다.

배경복사

우주배경복사는 하늘의 모든 영역으로부터 우리에게 오는 전자기파이다. 배경복사는 빅뱅이 있은 지 38만 년이 지나 전자가 원자핵과 결합해 있을 만큼 우주가 충분히 식었을 때 탄생했다. 그 시점에서야 빛이 자유롭게 확산될 수 있었던 것이다. 이어 몇십억 년간 우주가 팽창하면서 배경복사의 파장도 변하여 오늘날에는 전파망원경으로만 확인할 수 있다. 우주배경복사의 연구는 초기 우주의 비밀을 밝히는 데 도움을 준다.

백색왜성

별 생애의 마지막 단계에 속한 별. 별은 생애의 마지막 단계에서 적색거성이 되었다가 대기의 바깥층을 떨쳐버리고 중심부만 남게 된다. 백색왜성은 크기는 지구만 한데 질량은 여전히 별만큼 크다. 더 이상 융합 반응은 일어나지 않아 서서히 열기가 식는다.

별

가스로 된 커다란 구로, 핵융합을 통해 내부에서 빛과 에너지가 생겨난다. 핵융합이 가능하기 위해 별의 질량은 목성보다 최소 75배는 더 커야 한다. 별은 자신의 주위를 도는 행성들을 거느리고 있고(물론 행성이 없는 별도 있다), 함께 모여 은하 또는 구상성단을 이룬다. 밤하늘에서 육안으로 볼 수 있는 거의 모든 빛의 점들이 별이다.

브레인

M이론에서 우주의 모든 것을 구성하는 기본 단위. 브레인이라는 말은 멤브레인membrane(막)이라는 말에서 나왔다. 브레인은 1차원의 얇은 끈과 비슷한 입자일 수도 있으며, 이 경우 끈이론의 끈과 동일하다. 그러나 M이론은 2차원, 3차원뿐만 아니라 더 높은 차원의 브레인도 있을 수 있다고 본다.

블랙홀

별 진화의 마지막 단계. 질량이 아주 큰 별들은 생애의 마지막을 백색왜성이
나 중성자별로 끝마치지 않고, 자신의 질량으로 인해 계속해서 붕괴하여 전
체의 질량이 아주 작은 공간에 모이게 된다. 이런 어마어마한 질량은 공간을
심하게 굽게 하여 그 주변에서는 빛 한 줄기도 빠져나오지 못한다.

소행성

별 주위를 공전하는 작은 천체. 행성 생성 시기에 행성이 되지 못하고 남은
구성 물질이다. 이보다 더 큰 천체는 왜행성(난쟁이 행성)으로 분류한다. 암
석과 얼음으로 구성되어 있으며, 소행성대에서 태양 주위를 공전한다.

소행성대

태양계에서 소행성이 많이 있는 영역을 소행성대라고 한다. 화성 궤도와 목
성 궤도 사이에 있는 소행성대와 해왕성 궤도 바깥쪽의 카이퍼대가 있다.

시차

관찰자의 움직임에 따라 한 물체의 위치가 달라져 보이는 현상. 천문학에서
는 별의 시차를 이용해 별의 거리를 규정한다. 지구가 태양 주위를 공전하다
보니 우리는 늘 다양한 방향에서 별들을 보게 되는데, 시차가 큰 별들이 시
차가 작은 별들보다 지구에 가까이 있는 별들이다.

양성자

중성자와 함께 원자핵을 구성하는 입자로, 양의 전하를 갖는다. 원소의 종류
는 원자핵을 이루는 양성자의 개수로 정해진다.

에테르

우주 전체를 채우고 있다고 생각되었던 가상의 물질. 아리스토텔레스는 에
테르가 물, 불, 공기, 흙 다음의 다섯 번째 원소이며 나머지 네 원소의 토대

를 이룬다고 했다. 물리학에서 에테르는 빛을 전달하는 매질로 여겨졌다. 20세기 초에야 비로소 빛을 전달하는 매질 같은 것은 필요하지 않다는 인식에 이르렀고, 에테르가 존재하지 않는다는 것이 실험적으로도 증명되었다.

오르트 구름
태양계 바깥쪽 경계를 이루는 부분으로, 태양으로부터 1만~10만 천문단위 AU 거리에 위치한다. 이곳에서 몇조 개의 크고 작은 암석이 태양을 돌고 있는데, 서로 간의 중력적 방해나 충돌로 인해 간혹 오르트 구름을 떠나 태양계 내부에 접근하기도 한다. 이것들이 바로 혜성이다.

왜행성
별 주위를 공전하는 천체로, 행성보다는 작고 커다란 소행성과 비슷한 크기다. 진짜 행성과 달리 단독으로 궤도를 돌지 않고 소행성대에 속해 공전한다. 생성될 때 다른 미행성을 포획하거나 밀쳐내지 못했기 때문이다. 우리 태양계에서 공식적으로 왜행성으로 분류된 천체는 현재 다섯 개(세레스, 명왕성, 에리스, 하우메아, 마케마케)다.

운석
유성체가 대기 중을 통과하며 모두 소멸되지 않고 지표면으로 떨어진 것을 운석이라고 부른다. 대부분의 유성체는 대기 중에서 전소해버리고, 직경이 최소 몇십 미터에 이르는 것들만 지표면에 도달한다.

유성
유성체가 대기 중에 진입할 때 나타나는 빛의 현상. 커다란 먼지 크기 정도의 작은 돌덩어리가 대기 중에서 타오르며 빛을 발하는 것을 흔히 별똥별이라고 한다.

유성체

태양 주위를 도는 작은 암석 덩어리. 유성체는 소행성보다 작다. 그러나 경계는 정해져 있지 않다.

은하

중력을 통해 서로 뭉쳐 있는 별들의 모임. 보통 은하는 몇십억 개의 별로 구성된다. 그러나 별이 몇 개 이상이어야 은하라는 기준은 없다. 우주의 은하는 총 몇천억 개에 이를 것으로 추정된다. 우리의 태양은 약 2000억 개의 별로 구성된 은하수라는 이름의 은하에 속해 있다.

은하수

우리 태양이 속한 은하의 이름. 은하수는 약 2000억 개의 별들로 이루어져 있으며, 두 개의 커다란 나선팔을 가진 막대 나선 은하로, 직경은 약 10만 광년 정도이다.

적색거성

별 생애의 마지막 단계에 속한다. 연료를 다 소모한 별은 자신의 질량으로 인해 수축하는데, 이때 상당히 큰 압력이 중심부의 온도를 높이면 전에는 융합 반응에 참여하지 못했던 원소들이 융합된다. 그러면 별은 다시금 온도가 높아져서 팽창하게 되는데 예전보다 훨씬 더 커지게 된다. 별들은 보통 생애를 마칠 때가 되면 적색거성이 된다. 우리 태양도 이런 운명을 앞두고 있다. 태양이 적색거성이 되면 지구에 닿을 정도로 팽창할 것이고, 지구를 먹어버릴 수도 있다. 그리고 다음 단계로 외부층을 모두 떨쳐버리고 백색왜성이 될 것이다.

전자

전기적으로 음성을 띤 소립자로 원자 껍질을 이룬다.

전자기파

전자기력은 우주의 기본적인 힘 중 하나이다. 전자기파는 서로 연결된 자기장 내지 전기장으로 구성된다. X선이나 전파도 전자기선에 속하며, 빛과 열(적외선)도 전자기파이다.

중성자

중성자는 양성자와 함께 원자핵을 이룬다. 중성자 한 개의 질량은 양성자 한 개와 거의 맞먹지만, 전기적으로는 중성을 띤다. 양성자 수는 같지만, 중성자 수가 다른 원소를 동위원소라고 한다.

중성자별

별 생애의 마지막 단계에 속한다. 질량이 아주 큰 별들은 적색거성 내지 백색왜성으로 생애를 끝마치지 않고 큰 질량으로 인해 중심부가 계속 붕괴하여, 직경은 불과 몇 킬로미터 되지 않지만 질량은 거의 별 전체와 맞먹을 정도로 물질이 엄청나게 농축된 작은 구가 된다. 이보다 더 무거운 별들은 블랙홀이 된다.

천문단위astronomical unit

천문학에서 사용하는 거리 단위이며 AU로 표시한다. 태양과 지구 사이의 평균 거리인 약 1억 5000만 킬로미터를 말한다. 태양에서 가장 먼 행성인 해왕성은 태양으로부터 약 30AU 떨어져 있다.

태양계

별과 별을 도는 행성으로 구성된 체계. 우리의 태양계는 태양과 여덟 개의 행성을 비롯하여 소행성, 혜성, 왜행성과 같은 작은 천체들로 이루어져 있다.

행성

별 주위를 공전하는 천체. 행성은 소행성이나 왜행성보다 크다. 그러나 갈색왜성이나 별보다는 작다. 행성은 별과는 달리 스스로 빛을 내지 못한다. 국제천문학연맹의 공식적인 정의에 따르면 행성은 자신의 중력으로 인해 거의 구형을 띨 만큼의 중력을 가지고 있어야 한다. 그리고 생성 과정에서 주변의 모든 미행성을 포섭하거나 자신의 중력으로 궤도 밖으로 밀어냈을 것으로 보인다. 우리의 태양계에는 공식적으로 여덟 개의 행성(수성, 금성, 지구, 화성, 목성, 토성, 천왕성, 해왕성)이 있다.

혜성

별을 도는 작은 천체. 소행성과 마찬가지로 혜성도 행성 생성 시기에 행성이 되지 못하고 남은 물질이다. 그러나 혜성은 소행성보다 별에서 훨씬 더 먼 곳에서 탄생하여 얼음을 더 많이 함유한다. 혜성이 태양 가까이 가면 얼음이 증발하면서 먼지와 돌들도 함께 떨어져 나와 긴 꼬리가 생겨나면서 혜성 특유의 모습이 연출된다. 대부분의 혜성은 오르트 구름에서 온다.

M이론

끈이론(초끈이론)을 확장시킨 것으로, 기존의 모든 물리학 이론을 통합시키고자 하는 이론이다. 끈이론과 달리 M이론은 물질의 기본 단위를 1차원적인 끈이 아니라, 여러 차원을 가질 수 있는 브레인으로 본다. M이론은 아직 완성되지 않아, 엄밀히 말해 이론이라기보다는 가설에 불과하다. M이론이 자연을 적절히 묘사할 수 있는지는 아직 모른다.

| 찾아보기 |

| 이미지 출처 |

사진 1   NASA / ESA and L. Ricci (ESO)

사진 2   E. Weiß, 'Bilderatlas der Sternenwelt', 1888

사진 3   Eurico Zimbres

사진 4   USGS, D. Roddy

사진 5   R. Evans, J. Trauger, H. Hammel and the HST Comet Science
Team and NASA

사진 6   NASA / JPL−Caltech / UMD

사진 7   ESO

사진 8   NASA / JPL−Caltech / R. Hurt / SSC / Caltech

사진 9   NASA / CXC / CfA / STScI / ESO WFI / Magellan / U.Arizona /
M.Markevitch et al.; D.Clowe et al.

사진 10 ALICE / LHC

그림 1~8, 10, 11 Florian Freistetter

그림 9   NASA, ESA, and A. Feild, STScI / Florian Freistetter

지금 지구에 소행성이 돌진해 온다면

초판 1쇄 발행 2014년 2월 17일
초판 2쇄 발행 2014년 8월 14일

지은이 플로리안 프라이슈테터
옮긴이 유영미
펴낸이 박선경

기획/편집 • 권혜원, 이지혜
마케팅 • 박언경
표지 디자인 • [★]규
본문 디자인 • 김남정
제작 • 디자인원(070-8811-8235)

펴낸곳 • 도서출판 갈매나무
출판등록 • 2006년 7월 27일 제395-2006-000092호
주소 • 경기도 고양시 덕양구 화정로 65 2115호
전화 • (031)967-5596
팩스 • (031)967-5597
블로그 • blog.naver.com/kevinmanse
이메일 • kevinmanse@naver.com

ISBN 978-89-93635-44-7/03400
값 15,500원

이 도서의 국립중앙도서관 출판시도서목록(CIP)은 서지정보유통지원시스템 홈페이지(http://seoji.nl.go.kr)와 국가자료공동목록시스템(http://www.nl.go.kr/kolisnet)에서 이용하실 수 있습니다.(CIP제어번호: CIP2014001677)